U0227070

资源节约与环境保护丛书

新世纪环境素养

现状、困境与提升

Environmental Literacy in the New Century: Current Situation, Dilemma and Improvement

王　慧　崔秀萍◎著

本书获内蒙古财经大学学术专著出版基金资助

经济管理出版社
ECONOMY & MANAGEMENT PUBLISHING HOUSE

图书在版编目（CIP）数据

新世纪环境素养：现状、困境与提升／王慧，崔秀萍著. —北京：经济管理出版社，2020. 5

ISBN 978-7-5096-7091-0

Ⅰ. ①新… Ⅱ. ①王… ②崔… Ⅲ. ①环境教育—研究—中国 Ⅳ. ①X-4

中国版本图书馆 CIP 数据核字（2020）第 079496 号

组稿编辑：王光艳
责任编辑：魏晨红
责任印制：黄章平
责任校对：王纪慧

出版发行：经济管理出版社
（北京市海淀区北蜂窝 8 号中雅大厦 A 座 11 层 100038）
网 址：www. E-mp. com. cn
电 话：（010）51915602
印 刷：北京晨旭印刷厂
经 销：新华书店
开 本：720mm×1000mm／16
印 张：9. 5
字 数：156 千字
版 次：2020 年 5 月第 1 版 2020 年 5 月第 1 次印刷
书 号：ISBN 978-7-5096-7091-0
定 价：68. 00 元

前　言

21世纪以来，我国进入了一个高速发展时期，社会经济发展取得了令人瞩目的成就，人民生活水平明显提高，综合国力显著增强。但在飞速发展的同时，也产生了一系列的问题。特别是在生态环境领域，生态破坏、资源约束趋紧及环境污染等形势严峻，这不仅严重制约了我国社会经济的持续健康发展，同时也对公众的身心健康造成了严重的危害。

目前，生态环境问题已得到党中央、国务院及社会各界高度重视。尤其是在党的十八大及十九大报告中，针对生态环境问题提出了一系列的政策与措施，将生态环境建设问题提升到了一个历史性的高度。其中，党的十九大报告对我国当前的主要社会矛盾进行了全新的阐述，这也表明了环境保护与治理已成了21世纪的重要任务之一，体现了我国政府对此领域的高度重视与关注。作为生态环境的主体，人在协调自身与环境间的相互关系、构筑人与环境和谐发展的认知与实践中，具有关键性的作用。因此，公众环境素养的高低是实现人与自然可持续发展的关键因素，是衡量社会进步与文明程度的重要标尺，是提升公众环境素养的根本措施和重要途径。环境素养是对我国目前常用的“环境意识”“环境态度”“环境行为”等相关词汇的补充、完善与升华，其内涵及内容更加丰富、全面。环境素养是指人类对环境科学有较高的认知水平，在人与自然环境的相互作用中，能拥有积极的态度和合理的行为，将人类自己看作自然的一部分，做到与自然环境和谐共处，并在日常生产、生活中对环境自觉地采取积极、有益的行为。

现如今在全国范围内，公众对环境问题日益关注，对其担忧程度日益加深，危机意识逐日增强。而与之相反的是，公众的环境素养和行为意识普遍偏低，而这一片“洼地”与公众对环境问题的高度关注与担忧形成了鲜明的对比，存在明显的断层。因此，环境素养已经成为社会文明进步的重要标尺，是社会公德、家庭美德及职业道德的重要组成部分，是环境伦理的重要内涵，公众环境素养的不断提升势必极大地促进我国生态文明建设和环境保护的发展。

目前，我国对有关环境素养方面的研究相对较少、起步较晚，相关的研究主要集中于环境教育、环境意识、环境行为等领域，具体研究主要包括理论研究、测评方法及针对不同群体（主要是学生）的专题教育等方面。21 世纪以来，我国日益严重的生态环境问题，对生态文明建设也提出了更高的要求，这就需要我们从多层面、多视角来思考我国的生态环境问题，进而提出科学、可行的解决方法。

本书针对新时期下我国生态环境建设所面临的问题，特别是大气环境、水环境、土壤环境以及生物环境等领域以及城市、农村等不同区域的现状，从提升公众环境素养的角度，重点突出人在环境中的主体地位，强调人在产生环境问题和解决环境问题中正反两个方面的作用。本书提出环境问题的治理要从“源头治理”，即提高人的环境素养。首先，结合目前我国的生态环境及环境素养现状，从发展历程、基础素质、教育立法、理念与理论及实践行为等方面，较为全面、综合地对我国环境素养的现状与困境进行了研究分析。其次，针对当前环境素养的现状与问题，从政治、经济、社会及法律等层面进行了原因探析。最后，从不同层面（政府、企业、学校、社区等），针对不同的群体（管理者、学生、公众等），运用不同的途径与方法（教育、宣传、引导、合作等）提出了我国环境素养提升的几点策略，主要包括：一是高度重视环境素养，加强与创新环境教育；二是加强生态文化建设与推广，提高公众环境素养；三是加快环境教育立法，实现法治与德治相结合，共同提升公众素养；四是充分发挥传统媒介与新兴媒介作用，加强宣传教育，并提高公众参与度；五是转变企业发展理念，强化其环保责任与义务，提升企业环境素养；六是开展生态风险教育，提高全民的生态风险防范意识。

总之，环境问题的产生主要是人为因素所致，因此，在解决环境问题时，首先要解决环境的主体——人的问题。具备环境素养的人能够自我反省，积极寻找问题产生的自然原因和社会原因，并努力去解决，尽力将问题产生的影响与危害降到最低。环境素养不仅是人对客观环境的深刻了解与认知，也反映了人对环境有不可推卸的义务和责任，从而进一步指导人们的环境行为与活动。简言之，公众环境素养的提升对生态环境问题的解决有十分重要的作用，进而有效地推动我国的生态文明建设。

在本书的写作过程中，笔者借鉴和参考了国内外一些知名专家学者的著作和研究成果，在此向他们致以衷心的感谢！本书的出版得到了内蒙古财经大学学术专著出版基金、内蒙古财经大学资源与环境经济学院和经济管理出版社的大力支持，借本书出版之际，谨向他们表示诚挚的谢意。

书中若有偏颇和疏漏之处还望各位读者批评指正。

编者

2019 年 6 月 1 日

目　录

第一章　环境与环境问题

第一节　环境

一、环境的概念

谈及环境一词，我们非常熟悉。在日常生活及工作中，对这一词汇的使用非常频繁。而且从不同的视角、针对不同的领域、在不同时期对环境的理解及解释也各不相同。总之，环境是一个十分广泛的概念。

（一）日常理解的环境

首先，是对“环”和“境”这两个字的解释。中国的古籍《说文解字》中，对“环”的解释为：環，璧也。肉好若一谓之環。从玉，睘（huán）声。即“环”是指圈形的璧玉。玉环的厚度完全均匀，称为“环”。“玉”作边旁，“睘”作声旁，即“环”是指圆形而中间有孔的玉器。对“境”的解释为：疆也。从土，竟声。即“境”是指边疆。“土”作边旁，“竟”作声旁。古代经典中“境”通用为“竟”。

在《现代汉语辞海》中，对“环”字的解释为：（名词）中心很空大，内外皆成圆形的东西；（名词）环节；（动词）围绕。对“境”字的解释为：（名词）境界、边界；地方、区域；境况、境地。将这两个字组合在一起，即“环境”一词的解释为：周围的地方；周围的情况和条件。

在《中国大百科全书》中，对“环境”一词给出的解释为：“环境是相对于一定中心事物而言的，与某一中心事物相关的周围事物的集合，就称为这一中心事物的环境。”按照这个定义，我们可以看出，环境可分为主体与客体两个部分。其中主体为中心事物，它是环境的核心，是环境最重要的特性，是环境所要服务的重点和对象；客体则是周边的事物（与主体密切相关），其可以是物质的（如自然环境、建筑等），也可以是非物质的（如我们的学习环境、精神环境、文化环境等）。主体的影响力将决定环境范围的大小，即主体的影响力越大，则其环境范围也越大。反之则小。

此外，不同学科研究、关注的领域不同，有关“环境”的定义还有一些特殊、具体的规定，这种情况一般在法律法规领域较常见。例如，在《中华人民共和国环境保护法》中，对环境给出了更为详细、具体的定义：“环境是指影响人类生存和发展的各种天然的和经过人工改造的自然因素的总体，包括大气、水、海洋、土地、矿藏、森林、草原、湿地、野生生物、自然遗迹、人文遗迹、自然保护区、风景名胜区、城市和乡村等。”可以看出，我国环境法规给出的环境的内涵更为丰富、广泛，几乎涵盖了与人类密切相关的各类自然环境和人工环境。作为一部法律，《环境保护法》的目的就是根据实际情况及具体工作的需要，将人类社会中所要保护的对象或要素归入环境的范畴，进而从适用对象或适用范围方面对环境一词做出更为详细、具体、明确的规定，以确保法律实施的准确性和可操作性。

总之，《环境保护法》对环境的定义是源于工作需要，目的就是满足实际工作的需求，从法律适用对象与范围的层面对环境的范畴做出规定，从而确保法律能够准确实施。

（二）环境科学中的环境

环境科学是一门起步较晚的独立学科，始于19世纪60年代，直到19世纪70年代初，环境科学才逐渐发展成为一门领域广泛、内容丰富的新学科。所以说环境科学相对于其他古老学科（如数学、天文、地理等）来说，还是一门较新的学科，从兴起到形成也只有短短几十年的时间而已，但它却是当今世界发展最迅速的学科门类之一。环境科学作为一门新兴的综合性学科，其主要是研究人与环境之间的相互关系，目的在于揭示人与环境相互作用过程中的规律，从而指导人类的行为活动，使人在实践中遵循客观规律。

从《中国大百科全书》中关于环境的定义也可以看出，环境是由人类主导的外部世界，即人类赖以生存和发展的各种因素的集合。环境的主体是人，客体是人周围的相关事物，也就是说它研究的是人类环境。

需要指出的是，人类环境所包含的范畴十分广泛，自然环境只是其中的一部分，将自然环境等同于人类环境是错误的。而这样的错误认识曾经在很长的时间里被人们所广泛接受，直到现在，还有人将二者混为一谈。事实上，自然无法创造出人类的所有环境，人类的环境应该来自两个方面：自然方面和人为方面。其中，自然方面是自然界中原生的各种物质、能量和现象的总和；人为方面是在自然物质的基础上，经过人类的创造和加工形成的环境体系。

总之，人类环境的范畴十分广泛。人类环境与自然环境最根本的区别在于主体不同。自然环境的主体就是自然界的事物，而人类环境的主体是人，因此它除了物质环境，还有精神环境（包括文化、习俗、政治、宗教、政策、法律、投资、伦理道德和管理等）。

在环境科学研究中，不同的物质环境或是精神环境之间存在着巨大的差异，主要体现在结构功能和特征属性等方面。据此，可将人类环境划分为自然环境和人工环境两大类。

自然环境是一切直接或间接影响人类的自然形成各种因素的总和。在人类出现之前，地球上就已经形成了各种自然环境，所有的生物（包括人类）的生存与发展都离不开自然环境，人类也必须依赖于自然环境，自然环境可为人类提供各种各样的资源与条件，是人类生存与发展最基本的物质基础。自然环境大到宇宙、太阳系、地球，小到分子、原子、质子、电子以及夸克。而对我们人类目前影响最大的自然环境主要是地球的水环境、大气环境、土壤环境、生物环境、地质环境以及物理环境等。这也是环境科学在研究人与环境间相互关系时的主要内容。

人工环境则是在自然环境的基础之上，人类在社会实践中经过长期有意识的活动，对原有环境的改造与加工，包括物质生产体系和精神文化体系的创造与积累。人类从出现到今天，创造了各种各样、丰富多彩的人工事物，以满足自身的生存和发展需求。人工环境是人类的一种创造性劳动成果，是对自然界原有环境的改造与加工，是人类物质文明与精神文明发展的标志，随着人类社会文明的进步，人工环境也在不断地发展与丰富。如今，人类的活动范围已经从地表延伸至地下及太空，地面上的城市、乡村，地下的矿井，空中的飞行器，都是人类在发展的历程中不断创造形成的各种人工环境，如聚落（如城市、乡村）、工业生产、投资、水利工程、政治、宗教、文化、学习氛围及医疗休养环境等。

但无论怎样，人工环境的形成和发展都离不开自然环境，自然环境是人工环境存在与发展的基础。因此，无论是自然环境还是人工环境，与人类与环境的关系都是密切相关、紧密相连的。

二、环境要素及特征

环境是一个整体，环境中独立的、性质不同而又受整体演化规律约束的基本物质成分称为环境要素，又称为环境基质，主要包括与人类生存和发展密切相关的水、太阳能、土壤、大气、生物和岩石等。

环境要素进一步整合交叉构成了环境单元，环境整体或环境系统又由环境的结构单元所组成。例如，空气、水蒸气等组成大气圈；江河、湖泊、水库及海洋等地球上各种形态的水体组成水圈；土壤组成农田、草地和林地等；岩石圈（或称岩石）—土壤圈由岩石和土壤所构成；各种动物、植物和微生物形成生物群落，所有生物群落又构成了生物圈；太阳光为各个圈层提供了辐射能，并被各个环境要素所吸收。大气圈、水圈、岩石圈和生物圈四大圈层构成了一个完整的地球环境系统，为人类的生产与发展提供了空间。

总之，在环境科学体系中，环境是以人为主体的、与人相关的周边事物的集合，是人赖以生存和发展的各种要素的综合体。因此，环境是一个集合，是一个复杂的综合体系。其具有以下几点特征：

（一）整体性

为了避免人为地将环境的各个组成部分拆分得互无关系、各自独立、支离破碎，可以将人类环境视为一个统一的整体，由此进一步提出了环境系统的概念。即环境系统是地球表面上各种环境因素或环境结构及其相互关系的总和。在环境系统中，各个要素之间的相互关系和相互作用过程是其内在的本质，而了解和揭示这种本质，将有助于研究和解决当前的诸多环境问题。首先，作为一个系统，环境具有系统的特征，而整体性是系统最基本和最核心的特征。具体表现为，环境中的各种组成要素（生物因素和非生物因素）都是彼此互相作用、互相依存、互相影响、互相联系的，而不是互不相关、孤立存在的。

在全球环境系统中，由于各种物质之间的成分和自由能的不同，在太阳辐射能和地壳内部放射能的联合作用下，进行不断的物质循环和能量流动。

（二）区域性

环境的两大组成部分——自然环境和人工环境都具有明显的地域差异，相应的环境也就具有地域性，进而构成不同的环境地理单元，即环境表现出区域性的特征。一方面，由于经度和纬度的差异性，导致全球水热配比在不同的区域有着不同的分布特点，进而形成了陆地生态系统和水域生态系统的垂直地带性分布和水平地带性分布，相应的生态系统类型也具有多样性和差异性，由此为人类提供了丰富多样的自然环境资源。另一方面，由于科技水平的不等、生产方式的不同、地域文化和风俗习惯的差异等，人类对自然改造与利用的性质、范围、程度及频度也表现出极大的差异性，即人为活动所形成的人工环境也各不相同。如在不同的区域，形成了不同的人为地域景观，如建筑物、名胜古迹、农田及道路等，都表现出明显的地域性特点。

（三）变化性

从整体的视角来看，环境具有在一定的时间和空间尺度上的稳定性，但这种稳定是相对而言的。一方面，因为自然环境中的物质流动、能量流动和信息流动处于不断变化中，因此环境是一个不断变化的动态系统。另一方面，在完全的自然生态系统中，其具有抵御外界干扰的自我调节能力，只要自然和人类的作用不超过环境所能承受的界限，就可借助自身的调节能力使这些变化逐渐减弱或消失，表现出一定的稳定性。但这种自我调节的能力并不是无限的，当外界的干扰超出系统所能承载的范畴时，环境的组成、结构及功能都将会发生变化，特别是源自人为活动的干预和影响。

（四）动态性

首先，环境中的自然环境与人工环境均处于动态变化中，从而体现出各自的一定功能和目的，动态的物质交换、能量流动和信息传递在不同的生物之间、生物与非生物之间不断进行。因此，系统中物质、能量、信息的有组织运动构成了环境系统活动的动态变化。其次，环境系统过程也是动态的，这种动态过程包括物理过程、化学过程及生物过程，如生物的生命周期所体现出的孕育、产生、发展、衰退和消灭的变化过程。

（五）多样性

环境多样性是环境的基本属性之一，其主要体现在自然环境、人类的需求和创造、人类与环境之间的相互作用等方面。

首先，自然环境经历了漫长的地质年代，不断积累、演化与发展，逐渐形成了一个多样化的自然系统。因此，自然环境的多样性内涵十分丰富，包括生命物质的多样性、非生命物质的多样性以及人与环境相互作用（包括界面、形式、过程、效应）的多样性。其次，人类需求和创造的多样性具体包括需求的多样性和创造的多样性两个方面，人对环境的影响，其内在的驱动力主要来源于人的需求。此外，创造的本身也具有多样性，这是因为在受教育程度、思维方式、文化信仰、所处环境以及需求等方面，不同的人差异显著，从而使创造的结果存在多样性，如各种各样的人工环境、技术和其他事物。最后，人与环境的相互作用同样也具有多样性，体现在作用的接触面、方式、过程及效应等方面。总之，环境的三个层次的多样性决定了人与环境之间的复杂性和不确定性，特别是环境问题及解决对策也同样具有复杂性和多样性。

（六）滞后性

环境是一个非常复杂的体系，其组成、结构及变化过程都具有多变性、长期性和复杂性。首先，自然环境受到外界的干扰与影响后，其产生的相应变化往往是潜在的、滞后的，主要体现为自然环境受到的冲击和破坏是日积月累的，在短期内也许不会反映出来或被人所认识，并且发生变化的范围和影响程度也难以预料，如人类所修筑的一些大型水利枢纽工程，对水生生物、局部气候变化、地形地貌及地质构造等的影响往往都具有滞后性。其次，一旦环境被破坏，恢复所需的时间较长，尤其是当破坏超过环境承载能力或自净能力时，一般就很难再恢复。最后，人作为环境体系中的主体，其对环境改变的相应认知，也往往同样具有滞后性。例如，日本在19世纪50年代发生的水俣病事件，相关专家经历了近十年的研究与分析，最终才确认该事件是由日本的一家氮肥公司排放的污水中的汞引起的。

（七）脆弱性

环境的脆弱性是在特定的时间与空间尺度下，环境系统针对外部的扰动所具有的敏感反应和自我修复能力，是环境的自然属性和人为干扰活动共同作用的结果，体现在组成、结构及功能等许多方面。环境脆弱性的形成主要源于自然和人为两个因素。自然因素包括地质构造、地貌特性、地表组成物质、地域水文特性、生物群体类型以及气候因子等，这种脆弱性既可以体现在生物个体、种群及群落层面上，也可以体现在生态系统和景观层面上；人为因素主要是人类对自然环境不合理的开发与利用，包括资源开发利用、生态破坏、污染物超标排放、人口剧增等，这种干扰增加了环境系统的承载力，超出了其自我调节的能力。整体而言，虽然不利的自然条件与环境的脆弱性有直接的关系，但这种不利只代表了环境脆弱存在的潜在性、区域性及短期性，而引发或扩大这一潜在危害的则是人类的干扰活动。因此，环境科学的研究旨在探明人与环境间的作用关系，解释其中存在的规律，从而科学指导人类的生产与生活活动，把人类对环境的不良影响与干扰控制在最低水平，构筑人与环境的协调发展。

（八）不可逆性

能量流动和物质循环是环境系统运行发展的两个关键过程。其中物质交换是循环的、可逆的，但所需时间往往较长；而能量流动则是单向的、不可逆的，在流动过程中，能量将逐级递减。因此根据热力学理论，整个过程是不可逆的。所以，环境系统一旦遭受较大的影响或破坏，虽然可以通过物质循环实现一定的恢复，但彻底地恢复至原有状态则几乎不可能，而且修复周期往往十分漫长。

第二节　人类与环境

一、人类的起源与发展

在环境科学研究中，将人作为环境的主体来研究人与环境之间的相互关系，因此对人类的形成及发展历程的了解，将有助于我们了解人类与环境之间的相互作用经历了怎样的发展历程，进而有助于人类更好地协调与环境之间的相互关系。

据研究，人类起源过程大体可分为三个阶段：古猿阶段、亦人亦猿阶段和能制造工具的人的阶段。其中后一阶段是人类进化中最为关键的，该阶段又包含了两个时期，即猿人时期和智人时期，它们又可以进一步分为早期和晚期两个阶段。1859 年，英国生物学家达尔文在《物种起源》一书中指出，生物的进化遵循从低到高、从简单到复杂的发展模式。此后，他在 1871 年出版的《人类的起源与性的选择》一书中，又从多方面举证来说明人类的起源问题。但他并没有给出明确的解释，即古猿是如何演变成人的。1876 年，恩格斯在文章《劳动在从猿到人转变过程中的作用》中提出了劳动创造人类的科学理论，他认为人类可以进行复杂的劳动活动，这是人类能够脱离动物状态、区别于其他动物的根本原因。恩格斯在文中对人类的演化过程进行了详细阐述：在最早的时期，古代类人猿主要是生活在热带和亚热带的森林中。后来在某种因素的影响下，部分类人猿开始从树上下到地面进行活动。此后，这部分类人猿开始逐渐学会了直立行走，前肢被解放了出来，并开始使用前肢甚至开始制作一些简单的工具。与此同时，他们的身体结构也开始发生巨大的变化，特别是大脑的结构与功能转变较大，开始具有一些现代人类的身体特征。恩格斯对这几个类群又进行了分类，他将生活在树上的古代类人猿称为“攀树的猿群”，将开始能够在地面活动、逐渐向人过渡的生物称为“正在形成中的人”，而把身体结构发生较大变化，并能够制造简单工具的物种称作“完全形成的人”。如今，随着人类考古的不断发现，加之科学技术水平的不断提高，人类对自身起源与发展的认识与了解也在不断深化。

在人类演化发展的历程中，人类社会经历了三次重要革命：首先，大约在 7 万年前，“认知革命”（Cognitive Revolution）开启了人类的发展历史；其次，大约在 12000 年前，“农业革命”（Agricultural Revolution）让人类历史加速发展；最后，大约在 500 年前，“科学革命”（Scientific Revolution）开启了人类历史的新篇章，人类进入了一个前所未有的发展时期。

（一）认知阶段

在有历史记录以前，人类就存在于地球之上了。科学研究发现，大约在 250 万年前，地球上就出现了与现代人十分相似的生物。在这一时期，人类主要靠采集及狩猎维生，并不会特别干预动植物的生长状况。直立人、匠人或是尼安德特人都会采集野果、猎捕野生动物，而且他们对自然环境也没有太多的认知，例如他们不会去思考可以采摘的果树应该长在哪里，羊在哪些地方吃草。虽然智人在中东、欧洲、亚洲、澳大利亚和美洲等各地辗转，但他们的食物来源自始至终都主要是野生动植物。相对于现代的生活及生产方式，社会结构、宗教信仰、政治情况多元化，当时的社会形态相当简单，人与环境间的关系也非常简单，甚至可以理解为人类在这一时期就是自然环境中的某一种普通生物，其与其他动物没有太大的差别。而且这一时期在人类的发展历程中持续的时间非常漫长。

这一时期，随着人类的不断进化与发展，人类的认知水平逐渐提升，有了一些创新的思维与行为，如制造简单的工具、形成简单的文化，但他们对环境还没有产生太大的影响。虽然他们能够迁移到各种不同的地方，而且可以成功适应当地的环境，但并不会使当地的环境产生大幅度的改变。

（二）农业阶段

公元前 9500 年至前 850 年，这一切全然改观，人类的生活方式有了革命性转变，人类不再完全依赖于野生的动植物资源，而是积极、主动地去操纵部分动植物的生命。人类将更多的时间与精力用在了播种、浇水、除草及放牧等活动中，以便获得更多的食物，并且努力使食物的来源有保障。这一场关于人类生活方式的革命就是农业革命，是从采集向农业的转变，其发源于土耳其东南部、伊朗西部和地中海东部的丘陵地带。但农业的兴起并不是一朝一夕的，而是一个持续数千年且发展区域有限的缓慢过程。随着人类有了固定的住所，粮食供给增加，人口也开始增加，人类的生产技术快速发展，社会经济日益繁荣，人类文明不断进步。农业革命后，人类社会发生了巨大的变化，规模越来越大，社会结构越来越庞杂，政治、宗教、文化、秩序等被建立并不断完善、发展，并推动着人类社会文明的不断进步。但也有学者指出，农业革命是人类历史的重要节点，是人类迈向繁荣和进步的关键时期，但它也极大地刺激了人类的欲望，为满足自身不断增加的需求，将人与自然环境紧密相连的共生关系置之脑后。人类开始将自身与自然环境剥离开来，将自身置于生态金字塔的顶端，甚至开始以为人类可以主宰自然、操纵自然。

（三）科学阶段

在过去的 500 年间，人类的能力达到了前所未有的高度，人类社会发生了翻天覆地的变化。1500 年，全球人口大约只有 5 亿，截至今日，全球人口已达到了 70 多亿，人口增加了 15 倍以上。人类在 1500 年生产的商品和服务总价值约合现值 2500 亿美元，如今人类社会商品和服务总价值约 60 万亿美元，增加了 240 倍。1500 年时，全人类每天总共消耗的卡路里约为 13 万亿，如今这个数值是 1500 万亿，增加了 115 倍。

大多数科学历史学家提到的科学革命始于大约 1543 年，当时的代表作主要有尼古拉斯·哥白尼的《天体运行论》、安德烈亚斯·维萨留斯的《人体构造》、达尔文的《物种起源》与《生物进化论》等。但对于科学革命的具体时间问题，还存在着较大的争议，一部分人认为其始于 14 世纪，还有一部分人认为化学和生物学的革命始于 18 世纪和 19 世纪。科学革命本质上是科学体系的根本性转变，是思维方式的革命，也是认知领域的革命，从而将人类对客观世界的认知水平提升到一个更高的层次，并提出了各种理解客观世界的新原则。

科学革命是人类对外部世界认知与改造的质的飞跃，必然会对人类社会的物质和精神领域的发展产生极大的推动作用，促使人类文明不断推进。历史已经证明，科学革命往往是社会革命的先行者。科学革命将会对人类社会的发展产生积极有益的影响。一方面，在新科学理论的基础上，发明了新技术、新生产工具和新工艺，从而将社会生产力推向一个新的阶段。另一方面，科学革命所孕育的巨大的文化力量也会对人类的精神生活和社会文化进步产生深远的影响，尤其是科学的新思想、新思维方式和新的科学精神，对人类社会的影响至关重要。

现代科学与先前的知识体系有以下几方面的不同：

（1）对自己的能力有了新的认识。随着科学的发展，人类也开始对自己进行客观的研究分析，愿意承认自己的无知。更可贵的是，人类在不断地反省，愿意承认过去相信的可能是错误的，因而更加理智和客观。此后，人类敢于向一些权威的、神圣的想法和理论提出挑战。

（2）以定性和定量分析为中心。科学的边界就是无知的边界，人类知道的越多、接触的界面与领域越多，就会发现我们不知道的越多，进而更加迫切地想去了解未知的世界。方法是收集各种观察结果，然后用数学工具来梳理关系，形成一个综合的理论来促进自身的发展。

（3）不断提升自己的能力。对现代科学来说，理论的创造最终还要用于实践。人类希望利用这些理论获得新的能力，尤其是开发新技术，从各个方面提供更好的发展路径与空间。

科学革命并不是“知识的革命”，而是“无知的革命”。真正让科学革命开始的伟大发现就是“人类对于最重要的问题其实毫无所知”，这是至关重要的，在处理与环境的相互关系时，人们通常都要基于这方面进行考量。

在7万年前，人类的祖先——智人还只是地球生态系统中的一种普通动物，生活在非洲的某一个区域中。但在接下来的几千年里，人类变得越来越强大，一跃成为了地球的主人。如今，人类的强大力量前所未有，我们主宰了自然环境、增加了粮食产量、盖起了高楼大厦、建立了复杂的社会体系、创造了无远弗届的贸易网络。虽然整体人的能力已经大大提高，但它并不一定能改善个体的福利，并且经常导致其他生物受到伤害。

在过去的几十年里，人类的生存条件越来越优越，生活质量得到了很大的提高，饥荒、瘟疫和战争已很少出现，人类文明突飞猛进。

虽然人类现在有很多惊人的能力，也得到了很多我们想要的东西，但我们仍然不知足，在各个领域不断地索取。人类的力量越来越强大，但很多时候我们无法正确控制这些力量。更为严重的是，人类正在变得越来越不负责任，我们将自己置于生态金字塔的顶端，甚至将自己“神化”，相信人类可以做任何事情并控制一切，将自然环境中的一切看作人类的私有财产，为了自身的各种需求，往往不惜代价。

总之，人类的进化与发展离不开自然环境，人类对自然环境的依赖从有了人类就一直存在。在人类发展的历程中，人类与环境的关系是错综复杂的，自然环境为人类的生存和发展提供了生活场所与物质资源。但在这一过程中，由于人们缺乏对环境客观的、正确的认识，从而产生了诸多环境问题。因此，要解决环境问题，消除人类对环境的不良影响，必须从改变人类自身开始。

二、人类与环境相互作用的历程

人类与环境相互作用、相互影响的历程从有了人类就开始了，并贯穿于人类社会发展的各个时期。在环境科学中，将人类社会的发展划分为四个文明时期，在不同时期，人与环境的相互作用各不相同。

（一）渔猎文明时期

这一时期全球人口稀少，据估计没有超过1000万，人类主要聚集在容易获取食物的河流流域及森林区域，人的生存环境与其他动物类似，也时刻受到自然灾害、猛兽袭击、饥饿疾病等威胁，人类活动范围小、能力相对弱小，对自然的影响及改变微乎其微，即便是有一定的影响与干扰，自然系统也可以通过自我调节来修复。当然，原始人类的活动并不是完全与其环境和谐的。例如，为获取更多的食物，他们可能将整群动物从悬崖上赶下去；点燃草地和森林，有时会带来物种灭绝和森林火灾等灾难性后果。但这样的影响往往是局部的或短期的。

总体而言，与现代人类社会相比，在渔猎文明时期，人与环境的相互作用还不显著，环境对人类的影响较大，而人类对环境的影响可以忽略不计，人类处于人与环境和谐层次中的最低层次，即适应生存阶段。

（二）农业文明时期

大约一万年前，农业革命开始。在这一时期，人类的生活生产方式发生了重大转变，人类开始种植庄稼、饲养动物，农业与畜牧业成为人类食物的主要来源。农业的发展要求人类在永久性的村庄定居，而不是像在渔猎文明时期那样漂泊不定。在食物和安全方面，人类的生活有了很大的保障。劳动工具不断改进，农业技术逐渐提高，生产力水平有了很大的提升，人类改造自然的能力越来越强，人口不断增加。在衣食住行及安全健康等方面逐渐得到保障后，人们的需求也在不断增加。在此期间，人类为满足自身不断增加的需求，追求更加富足的生活，会尽可能多地开垦土地，致使土壤侵蚀、森林破坏和荒漠化等问题日益凸显。如文明古国巴比伦王国的兴衰就是最典型的例子，起初这个古老的王国社会经济相当发达、富足，但为进一步扩大农业生产，人们开始无度地开垦土地，并大兴水利，对土地资源和水资源产生了一系列不利影响，生态环境遭到破坏，土地开始退化，河流开始改道甚至干涸，最终使这个文明古国走向了覆灭。

整体来看，在农业文明时期，人与环境的和谐水平得到了提高，达到了环境安全的阶段。人类食物来源和人身安全得到保障，生产力得到极大提高，人类对自然的影响力和改造力也大大提高，进而对环境干扰的范围扩大、程度加深、频度增加。特别是由于人类认知的局限、盲目利用、无度索取，加之人口的快速增加，环境问题开始出现甚至加剧，特别是生态环境破坏严重。但在此期间，由于人类的活动区域和改造自然的能力有限，加之自然环境的空间广阔，资源相对丰富，生态环境自我调节能力强，故而并未形成严重的生态危机，人与环境的和谐程度较高。

(三) 工业文明时期

大约600年前，西欧社会逐渐吸收了东方文明并经历了文艺复兴，科学技术经历了根本性的变革发展。1768年，Watt改进了蒸汽机，引发了一场伟大的技术革命。各种机械被大量地运用于人们的生产与生活中，生产效率大幅度提升，人们的生活水平和生活质量也得到了极大改善，人类社会的物质和精神财富较以往得到了极大的丰富，人们的生活发生了翻天覆地的变化，一个快速、高效的文明时代开始了。人与环境之间的关系也进入了一个更加密切和深刻的时期，二者在相互作用的界面、过程、方式及效应等方面有了更加紧密的关系。

工业革命使人们找到了转变能源和生产商品的新方法。一方面，人类对于周边生态系统的依赖大大减少，人类的能力大大提升了。结果就是人类开始砍伐森林、抽干沼泽、筑坝挡河、水漫平原、大兴土木，建立了越来越多、越来越高的建筑物，铺设了越来越多、越来越长的道路。人类正在努力使世界看起来像人类需要的样子，但其他物种的栖息地被摧毁，使它们濒临灭绝甚至是已经灭绝。另一方面，这些人类行为也对自身产生了不良影响，带来了一系列严重的环境问题。

现代工业在给人们带来巨大好处的同时，也给人们制造了大量的问题，如全球性环境问题（如温室效应）、环境污染、生态恶化、资源耗竭等，已成为人类发展历程中的环境危机；工业化还使得国家、地区、民族和个人间的贫富差距被逐渐拉大，进而造成了严重的社会危机。再加上人口过快增长，环境压力越来越大。但整体而言，这一时期，人与环境的和谐程度处于环境健康阶段，比渔猎文明时期有了很大的提高。

(四) 后工业文明时期

后工业文明时代的开始，预示着物质时代的终结和电子时代的开启。如今，人类社会中最有价值的资源已经不是传统意义上的资源，而是信息资源。金融资讯、新闻、娱乐和科技知识通过全球信息网络以光速传播，方便快捷成为这一时代的特色。

与过去相比，今天完成许多事情只需要少量的物质资源。同样，技术的创新在许多重要方面节约了能源、减少了污染。人们进行各种社会活动更加方便、快捷、高效，往往只需要现代化的技术手段就可以处理日常事务，而不必再为参加各种会议考察、商务活动而各地奔波，从而节约了时间、精力和资源。此外，人们的生活区域及生活方式也随之发生了重大的转变，现代化的高科技将城市与乡村彼此紧密相连，使它们互相扬长避短。

进入后工业文明时期，科学技术水平快速发展，信息技术突飞猛进，传统产业不断转型升级，加之人类认知水平和人类文明的不断进步，人类逐渐开始构筑一个和谐、高效和可持续的人类环境。特别是进入21世纪以来，人类对环境问题有了更深层次的了解与认识，环保意识在不断提高，实践活动更加科学合理，人类努力从各个方面去实现人与环境的和谐共存，实现自然、社会、经济、技术和环境的协调发展。总之，这一时期，人与环境的和谐层次得到了极大的提升。

第三节　环境问题

前文介绍了有关环境的概念及内涵，而了解什么是“问题”将对理解环境问题意义重大。在《辞海》中，对“问题”的基本解释为：①要求解答的题目；②需要研究解决的疑难和矛盾；③关键，重点；④意外事故。

由此可以看出，“问题”是人类社会从自身的视角，针对自身的需求，而对外部事物、事件或现象（自然的或人为的）所给出的一种人为描述。了解了“问题”的内涵，将有助于我们进一步科学地、客观地认识环境问题。

一、环境问题的概念

在环境科学学科中，环境问题是指任何不利于人类生存和发展的环境结构和状态的变化。环境问题的产生主要源于自然和人为两个方面。

由其定义可以看出，环境问题的概念是人从自身的利益出发而给出的，即把所有对人类不利的环境结构或状态的转变都理解为环境问题。最典型的就是自然灾害，如洪灾、旱灾、沙尘暴、地震、海啸、泥石流以及风暴等，这些都对人类产生了不利影响，因此我们将其归纳为环境问题。但从自然规律的角度来讲，所谓的自然灾害是正常的自然现象，特别是原生的自然灾害现象。在环境学科领域，原生环境问题又称第一环境问题，主要是指由自然力引发的环境问题，如地震、飓风、火山爆发、洪灾、旱灾、泥石流及山体滑坡等。而由于人为因素所造成的环境问题则是次生环境问题，又称作第二环境问题，这类环境问题又可分为生态破坏、资源耗竭及环境污染等，有的研究也将人口剧增归为这一类环境问题。通常，人们所指的环境问题就是指第二环境问题，其往往是人们关注的焦点，也是环境科学研究的主要对象。当前，人与环境间的关系越发密切，随着人类社会经济的快速发展以及人类认知水平的提高和科学研究的发展，人们开始将人口发展、城市化以及经济发展而带来的社会结构和社会生活问题称为第三环境问题。

二、环境问题的由来与发展

事实上，自古以来就存在环境问题，从人类开始出现到生产力的不断发展和人类文明的不断进步，环境问题始终存在，并对人类产生着巨大的影响。环境问题也由小范围、低危害向大范围、高危害方向逐步发展，即从轻度污染、轻度破坏、轻度危害向重度污染、重度破坏、重度危害方向发展。根据环境问题产生的时间和严重程度，结合人类文明的发展进程，环境问题大致可分为四个阶段：

（一）环境问题萌芽阶段（工业革命以前）

在农业文明之前的远古时期，全球人口数量极少，人类主要以采集和狩猎为主，活动范围和强度十分有限，对自然环境的影响与干扰微乎其微，几乎不存在环境问题。

自农业文明时代以来，人类的生产与生活活动发生了巨大的改变，劳动工具的发明与使用，使人类的生产能力大大提升。全球人口数量开始迅速增加，人类对自然环境的开发与利用强度在不断增加，自然环境承载的压力也越来越大。

为了获得更多的生活资源，人们需要耕种更多的土地，从而摧毁了许多森林和草原，出现了大面积的裸露土地，土地生产力下降，土壤盐渍化和土壤侵蚀等现象开始出现，进一步使河流淤积、分流、干涸和破裂。这些环境问题危及了人类生存与发展，迫使人们经常迁移和改造其栖息地，有些甚至酿成了人类社会文明覆灭的悲剧。但整体而言，此时仅仅存在局部、零星的环境问题，并未对整个人类社会和自然环境产生太大的影响。

（二）环境问题发展恶化阶段（工业革命至20世纪50年代）

随着产业革命的开始，社会生产发生了翻天覆地的变化。科技水平快速提高，人口数量不断增加，经济水平迅速提高，人类的需求日益增加，进而对自然环境的干扰与影响不断加深，自然环境系统的组成与结构开始发生巨大的转变，环境问题开始凸显。在人口集中、工业发达的城市区域，污染事件频发，大量工业污染物被排放到环境中，如在20世纪30年代，发生在比利时的马斯河谷烟雾事件造成了严重的后果。工业生产与农业生产有着很大的区别，农业生产中所产生的一些污染物往往可以被迅速净化或循环利用。而工业生产包括生活资料的生产和生产资料的生产，在其生产过程中，往往需要开发、利用大量的资源与能源，很多生产与消费中所排放出的污染物都是一些新物质，是原有自然环境中所没有的，所以在自然系统中通常难以降解、净化。总之，在这一时期，环境问题愈来愈严重。

（三）环境问题的第一次高潮（20世纪50~80年代）

在这期间，环境问题逐渐恶化，严重的环境事件不断发生。如日本水俣病事件、四日市哮喘病事件、伦敦烟雾事件、骨痛病事件等，严重影响了人们的身体健康，甚至导致直接死亡。这主要是因为生产力与技术水平的提升，使城市化和工业化不断加快，资源与能源消耗激增，人口急剧增加。当时，污染事件在一些发达国家非常严重，对人们的身体健康、环境质量及公共卫生安全等均产生了极不利的影响。

在开始阶段，人们对环境问题实质的认识还不够清楚，认为是生产技术水平不够高造成的，采用的手段也是以治理污染为主，从而推动了环境工程学的发展与进步。虽然这一时期人们采取了一系列的措施与手段，但环境问题并未被彻底解决，反而日益严重。

（四）环境问题的第二次高潮（20世纪80年代后）

1984年，英国科学家发现南极上空出现了“臭氧空洞”，此后，美国科学家证实了这一发现，这标志着世界环境问题进入了第二次高潮。环境问题开始呈现出大范围的扩散趋势，已经由最初的工业污染、点源污染、局部污染转变为城市污染和农业污染、面源污染、区域污染和全球污染，各种污染交织复合，在地域上不断扩张，在程度上日益恶化，全球的生态系统受到了严重威胁。

环境问题的性质也由此产生了根本变化，这些环境问题已经严重影响到全人类的生存与发展。环境问题已经不仅被环境科学领域关注和研究，其他学科领域亦高度关注。人类开始对自己的行为与活动进行反省，对自然环境和自然资源的综合价值有了科学的认识，一些相关学科程度应运而生，并得到了发展和丰富。但环境问题依然存在，且在影响范围及危害程度方面形势更加严峻。

三、环境问题的分类

在环境科学学科体系中，将环境问题归纳为五大类，分别是自然灾害、生态破坏、资源耗竭、环境污染和人口剧增。在这几类环境问题中，除自然灾害为原生环境问题外，其余主要是由人为因素导致的。

（一）自然灾害

自然灾害主要是由自然力所引发的自然环境自身的变化，人类往往无法操控，从而使人类受到一定的影响和损害。

自然灾害具体包括：

（1）天文灾害。包括天体撞击地球、磁暴、太阳黑子运动异常、高速太阳风、宇宙射线。

（2）地质灾害。包括火山爆发、地震、地面沉降、岩崩、滑坡。

（3）气象水文灾害。包括洪灾、旱灾、冰雹、雪灾、寒潮、台风等。

（4）生物灾害。包括森林及草原大火、病虫害、物种灭绝（由自然因素引起）等。

（二）生态破坏

生态破坏是人类生产活动对自然环境所造成的不利影响，导致生态退化、自然环境结构与功能的改变，从而对人类的生存和发展以及环境本身的发展产生不利影响。生态环境破坏主要包括水土流失、土地退化、生物多样性减少、森林面积减少、水体富营养化等。例如大量砍伐森林，使其调节环境的各种功能下降；天然植被的破坏导致水土流失、土地退化且生产力下降；不科学地人为灌溉致使土壤盐碱化，生产力下降；大量二氧化碳、氟、氯、烃的排放导致了全球性的温室效应及臭氧层的破坏；大量的捕猎生物和生态环境的破坏，加速了其他生物的灭绝；人类生产、生活对水体的污染，使水量减少、水质下降、水生生物受到影响甚至死亡。

（三）资源耗竭

自然资源对人类社会而言是至关重要的。当前，在人口激增及社会经济迅猛发展的形势下，人类对资源的需求与日俱增，而很多的资源又是不可再生的，致使人类面临着资源短缺甚至耗竭的威胁。主要表现为森林面积锐减、水资源日益匮乏、生物多样性不断减少以及矿产资源濒临枯竭等。

首先，全球的陆地面积是一定的，因而可以利用的、有价值的土地数量有限，而且随着人口数量的不断增加，对资源的需求亦在不断增加，加之开发强度及范围的不断扩展，使有限的后备土地资源日益稀缺，耕地面积不断减少，土地不合理利用问题日益突出。进入21世纪以来，人类对土地的利用及森林资源的开采程度逐渐加大，特别是热带雨林的面积正以前所未有的速率减少。由于森林面积的减少，还引发了其他的一些生态环境问题，如水灾害、水土流失、土壤肥力下降、生物多样性减少和生物遗传基因丧失等。

此外，水资源短缺也是当前一个严峻的环境问题。在全球范围内，水资源短缺甚至是耗竭的问题十分普遍。全球大约有1/4以上的人口面临着缺水的困境，约有10亿人口的饮用水水质不达标，而且由于环境污染的加剧以及对水资源需求量的激增，全球的水环境问题越来越严重。

除此以外，与人类生产生活紧密联系的各类矿产资源多是不可再生的，如煤、石油、天然气、金属矿等。而且许多矿产资源对区域和国家而言都是十分重要的战略资源，出现短缺或耗竭会产生巨大的不利影响。

（四）环境污染

环境污染是由于自然或人为的影响，致使有害物质或者因子进入环境，对环境的结构和功能产生了不利影响或破坏，使环境质量降低，进而对环境系统或人类自身产生不良影响的现象。

环境污染物或者污染因子就是指引发环境污染的物质或者因子。它们可以是人为产生的，也可以是自然环境自身产生的，或是二者共同产生的。依据不同的分类标准，环境污染可以分为以下几类：

（1）按照污染因子的性质，可分为化学污染（有机物、无机物、油类污染物质、重金属等）、生物污染（寄生虫、有害昆虫、微生物、外来物种入侵等）、物理污染（噪声、光、热、电磁辐射、核辐射等）。

（2）按照环境要素，可分为大气污染（人为地向大气中排放各种有害有毒气体）、水污染（向水体中排放工业废水和生活污水）、土壤污染（滥施农药、化肥）、生物污染（外来物种入侵）、物理环境污染。

（3）按照产生的来源，可分为工业污染、农业污染、交通污染和生活污染等。

最严重的环境污染主要是一些全球性的环境问题，如温室效应、酸沉降、跨境大气污染与河流污染、有毒有害化学品污染、污染物越境转移与传播、生物污染及海洋污染等，这些环境问题往往会带来更严重的后果。

环境污染的危害是多方面的。一方面，它会直接对人体健康、社会发展及环境造成严重危害。另一方面，它还会对各类资源产生不良影响，降低资源的可利用率，加剧资源的短缺。此外，环境污染会进一步加剧生态的破坏，加快物种的灭绝和植被的减少，甚至会引发更严重的灾难性事件。

与此同时，现有研究发现，一些新的环境污染还有可能促使一些新的自然灾害产生，如厄尔尼诺现象和拉尼娜现象。

（五）人口剧增

据科学家研究发现，从人类出现到现在，大约有两三百万年，但在超过90%的时间里，整个地球上的人口都是稀少的。直到1800年，世界总人口达到第一个10亿，人类用了近300万年；而世界总人口达到20亿，即人口再增加10亿，仅用了约130年；世界总人口达到30亿，只用了大约30年；世界总人口达到40亿，仅花了大约15年；现在，世界人口每增加10亿，只需要12年左右。因此，世界人口增长的速度相对于其他生物及环境来讲，都是极其显著的。

1999年，世界人口达到了60亿，而如今为70多亿。据世界卫生组织给出的预测，今后世界人口还会呈快速上升的趋势，到2050年，世界人口将上升至80亿。因此，人口剧增将是当前首要的环境问题之一。

在环境系统中，人拥有生产者和消费者两个身份，但无论怎样，人都要不断地占用和消耗资源并产生废弃物。尤其是人口数量剧增后，人类对各类资源的使用与消耗更是急剧增加，由此产生的废弃物也在不断增多，致使各种资源的供给压力不断增强，环境容量、降解废物的压力也在不断增加。人口数量剧增，而活动区域有限，人口的聚集效应愈发显著，一旦发生灾害性事件，造成的伤亡及财产损失必然会大大提高。

所以，人口剧增不仅引发了各种人类的社会经济问题，而且还使其他各类环境问题被不断地加深、放大。

四、环境问题的实质与特点

（一）环境问题的实质

人类是环境的产物，是自然界的一部分。人类和一切生物一样，都时时依赖于环境。环境可以没有人类，但人类不能没有环境，我们要清楚地认识到自己在环境中的作用与地位。由环境问题的发展历程我们可以看出，最早的环境问题始于人类出现的初期，并随着人类社会的发展，环境问题也相应地在发展，从轻微到严重，从简单到复杂，从可恢复到不可恢复。

环境对于人类而言至关重要，是关键的物质基础和制约因素。人口的增长和需求需要工农业的快速发展，以为人类提供更加丰富多样的工农业产品。在经过人类消费（生活消费和生产消费）之后，有的产品又变成“废弃物”被排放到环境中。而环境的承载力和容量有限，超过环境的承载力和容量将导致环境污染和破坏，使资源枯竭和人类健康受损，国内外的很多事实充分说明了上述论点。换句话说，环境问题的实质是人与环境之间的关系，特别是发展与环境之间的关系。因此，处理好人与环境之间的相互关系，才能有效解决人类面对的各种环境问题，从而改善生态环境。

当前，人类对环境问题的了解、认识及治理，很多已达成共识或已被充分利用，并取得了显著成效。如对环境价值的全面认识、科学合理的经济发展规划和生态环境规划、控制人口增长、调控人口分布、加强教育、提高人口素养、增强环境意识、强化环境管理、依靠强大的经济实力和科技的进步等。可以看出，这些认识、途径或措施，都是围绕着“人”进行的，是“人”去实施或实施的对象是“人”，这也从另一个层面突出了人是环境的主体。人为的环境问题是由人产生的，那么解决这类环境问题也需要依靠人。从某种意义上来讲，解决了“人”的问题，就解决了环境问题。

中国作为世界最大的发展中国家，进入21世纪以来，中国社会经济取得了长足的发展，生态环境问题也愈演愈烈。在全球的十大污染城市名单中，有七个是我国的城市、黄河断流超过了历史的记载、多个流域洪水泛滥、北方沙尘肆虐、雾霾天气频发、水资源短缺等都为人们敲响了警钟，人们对目前的生态环境日益关注、深感忧虑，社会各个阶层都在高度关注着我国的生态环境问题。从宏观的生态文明建设，到细微的垃圾分类，人们已经认识到，中国的发展必须走可持续发展的道路，可持续发展的道路必须科学、客观、坚定。我们必须充分认识环境问题的实质，而努力提高公民的环境素养至关重要，如2019年我国大力推行的垃圾分类制度就充分证明了这一点。

（二）环境问题的特点

结合全球环境问题的发展变化，其特点主要表现为以下几个方面：

（1）城市地区的环境问题主要是环境污染，乡村地区则主要是生态破坏。在不同的区域，由于经济基础、环境本底、产业结构及法律政策等的不同，存在的环境问题也不尽相同。以农村和城市为例，在城市区域，主要的环境问题是大气污染、噪声污染、水污染、食品安全等；而在农村区域，主要的环境问题则是生态破坏，如水土流失、土壤次生盐碱化、耕地占用、森林锐减以及水源减少等。

（2）发展中国家比发达国家严重。发展中国家往往经济发展水平较低，人口基数庞大，因而环境压力巨大；发展中国家的科技水平落后，经济基础薄弱，在环境保护与治理方面的投入不足；发达国家将一些“三高”工业向发展中国家转移。

（3）环境问题的全球化趋向。环境问题是无国界的，如酸雨可以随着大气的运动，扩大其影响范围；国际性的河流一旦上游被污染，势必会对下游国家的水域产生不良影响；热带雨林是全球生态系统的重要组成部分，一旦被破坏，造成的影响将是全球性的；此外，还有温室效应及臭氧层的破坏等，都对人类产生了严重的影响与威胁。

（4）环境问题呈高技术化。伴随着现代科技水平的飞速发展，其所带来的环境问题不断增加，生态风险不断增强。如原子弹与导弹试验、核工业的发展及其突发事件、电磁波引起的环境问题等。此外，生物工程技术的潜在影响以及大型工程技术的开发利用都可能产生难以预测的生态灾难。与传统的环境问题相比，这些环境问题科技含量更高、人为管控更困难、后果更为严重、影响范围更为广泛，甚至会造成全球性的影响。

(5) 环境问题被政治化。当代环境问题越来越复杂，不仅是纯粹的技术问题，而且上升为国际、国内政治中的一个重要问题。2009 年 12 月，在哥本哈根世界气候大会上，世界各国因碳排放引起的一系列环境问题争执不休，最终也未能达成协议。很多国家的对外出口频频受到进口国的制裁也说明了这一问题。环境问题政治化的主要表现包括：①被纳入国际交流、合作的范畴；②成为国际政治斗争甚至是战争的导火索之一，各国经常在环境责任承担、义务范畴及污染转移等问题上进行激烈的政治博弈与斗争；③环保组织不断涌现，并日益壮大，这些组织在国际政治舞台上占据了一席之地，成为一股新的政治力量。

第二章　环境素养概述

第一节　相关概念辨析及梳理

环境作为重要的公共资源，其最重要的特性就是公共资源性，正是环境的这一公共特性，导致千百年来人类在发展过程中缺乏对环境的正确认识。为了人类自身的发展，加大了对自然环境的影响和改造力度，且重用轻养、一味索取，最终引发区域性和全球性的环境污染与生态破坏问题。深究环境问题产生的根源，不难发现，除了受制于观念落后、科技水平较低、法律制度不健全等因素外，环境素养的缺乏也是关键因素之一。保护环境从来就不是方法的问题，而应该是执行力的问题。环境保护，素养为本。

一、相关概念辨析

迄今为止，国内学者对生态素质的研究多集中在“环境意识”“环境态度”“环境行为”“环境教育”等领域，并大多是独立研究，并未对其内在的相互关联性开展研究。为了更好地找到这些概念之间的关联，需要对这些相关词汇进行整合梳理。环境素养包含环境意识、环境态度、环境行为、环境教育等全方位、多层次的内容，是一种更立体多维的素质。

（一）环境意识

“环境意识”一词由英文“Environmental Awareness”翻译而来。我国古代就有类似于“环境意识”的思想及观念，但其作为具有现代内涵的专业术语却是首先由西方国家提出的，现代环境意识产生的标志是环境保护目标的确立。瑞典于 1967 年首先成立环境保护厅，明确了环境保护的目标，标志着现代“环境意识”的产生。

随着工业革命所带来的各种环境问题凸显，“环境意识”作为改变这一矛盾的新型价值观，在发达国家得到了广泛关注及研究。20 世纪 80 年代这一词汇传入我国，1983 年召开的第二届全国环保会议上，我国第一次正式提出了“环保意识”一词。至此，环保意识作为一种新的理念、新的意识形态在我国媒体和学术界得到广泛关注，现已成为我国学者研究环境行为、生态素质等领域的主流词语。

所谓环境意识，就是各种关于人地关系思想的集合，是反映人与环境的社会思想、观点、情感、意志、态度和心理的总称，是追求人与自然和谐发展的新型意识形态。

目前，我国学界对“环境意识”尚无统一的定义，不同学者对其内涵界定各有不同，呈多维态势。如王民认为：“环境意识的内涵应包括环境学、生态学、地理学、哲学、法学、伦理道德、政治学等多个学科内容。同时是一个多层次、全方位的关于人与环境关系的内容体系，是对人与自然环境关系的一种综合的理论概括。”还有学者按学科分类的标准，把环境意识的内涵划分为五个部分，分别是科技知识内涵、思想内涵、哲学内涵、心理内涵及伦理内涵。也有学者从单一学科角度定义环境意识，如林兵、赵玲从哲学角度入手，认为不能简单、直观地将环境意识理解为环境保护，环境意识是一个不能仅依靠抽象的思辨过程而把握的、内涵丰富的复杂概念。环境意识不应是一个纯粹“形而上学”的抽象概念，而应是一种哲学意识的理论表达。洪大用从社会学原理的视角，将环境意识理解为人们参与环境保护的自觉性，即在对环境现状及环境制度规范充分了解的基础上，与自身的价值观相结合产生参与环境保护的自觉意识，并将之付于行动。

（二）环境态度

态度是一个人的主观意识，会决定一个人看什么、听什么、想什么、做什么。因此，态度影响着行为，有什么样的态度，就会有什么样的行为。态度是一个社会心理学概念，目前认可度最高的态度定义，是由社会心理学家弗里德曼（Freedman）提出的。他将态度定义为个体对某一特定事物、观念或他人稳固的，由认知、情感和行为倾向三个成分组成的心理倾向，并且这三个部分的内容相互联系、相互影响。认知成分是指人们通过相关事实、科学知识和生活信念等信息对外界环境、对象产生的全部心理印象。认知成分是态度中情感成分及行为倾向成分的基础。情感成分是指人们在面对态度对象，同时给予其评价以及由此过程所引发的情绪情感，态度三部分中最为核心和关键的部分就是情感成分，情感成分同时影响认知成分及行为倾向成分。行为倾向成分是一种对将来产生影响的准备行为，是人们预备对态度对象所采取的反应，要注意的是，行为倾向成分会影响人们在未来对态度对象的反应，但与外显行为还是有较大差别的。

环境态度是个体对所处环境及环境对象等客体比较持久的认知、情感和行为倾向。环境态度反映的是人对自然、环境、客体所产生的心理感受。环境态度会影响、决定人们的环境行为，因此，解决环境问题的关键就在于环境态度。环境态度中包含我们过往对环境的认知、经验及知识积累，我们对环境的态度构成了我们的环境价值观，同时决定了我们对待环境的方式。

（三）环境行为

行为是指人们通过思想支配而做出的一切有目的的外在活动，它由一系列简单动作组合构成。因此，行为可以理解为人们在实践中所做的一切动作。人与环境之间产生相互作用，必然要依托于人的行为，只有人类开始有行为动作，才能与环境发生连接，才会产生相互作用。人的行为可以改造环境，但大量环境问题的出现同样也是由于人类不良环境行为造成的。

20 世纪 80 年代中期，Hines 等提出了“负责任的环境行为”（Responsible Environmental Behavior）这一概念，负责任的环境行为应是一种基于个人责任感和价值观的有意识行为，其目的在于避免或解决相关问题。20 世纪 90 年代末期，Stern 在“负责任的环境行为”的基础上进一步提出了“具有环境意义的行为”（Environmentally Significant Behavior）这一新的概念，并根据行为的“影响”及“意向”两个维度，将“具有环境意义的行为”定义为影响角度，强调人的行为对环境产生何种影响，强调行为者是否具有环保的动机。而 Sebastian 根据“基于规范刺激论”和“计划行为论”等社会心理学理论，从利己动机和亲社会动机两个方面将“亲环境行为”理解为一种对自身利益的关注以及对子孙后代、他人、其他生物或自然环境的关心。

综上所述，环境行为就是指人类社会行为或社会行为主体之间的互动行为作用对于环境造成的影响。它包含两方面内容：一是行为主体本身对环境造成的影响；二是行为主体之间对环境产生的直接或间接影响。

（四）环境教育

美国在1970年颁布的《美国环境教育法》中首次提出“环境教育”一词，环境教育开始出现在大众视野中。1972年，人类历史上具有划时代意义的“人类环境会议”在斯德哥尔摩召开。大会提出了著名口号——“人类只有一个地球”，并将每年的6月5日定为“世界环境日”，正式确定了“环境教育”（Environmental Education）的名称。此次会议极大地推动了环境教育事业及相关研究的发展，此后，世界各国陆续开始开展环境教育。1975年，联合国在贝尔格莱德召开的国际环境教育研讨会上通过了《贝尔格莱德宪章》，该宪章首次明确了环境教育的目标，为世界环境教育的发展指明了方向。该宪章的发表标志着环境教育的正式确立。环境教育的发展将以“促进全人类去认识、关心环境及其与环境相关联的问题，并使其个人或集体具有解决当前环境问题及预防新环境问题的知识、技能、态度、动机和义务，希望人类能够自觉地保护环境”为目标。1992年，联合国组织各国政府首脑在里约热内卢召开的“地球高峰会”上通过了《里约热内卢环境与发展宣言》与《21世纪议程》。此次会议主要讨论国际环境与发展问题，是史上关于可持续发展问题规模最大、影响最深的国际会议。《21世纪议程》对环境教育的任务做了重要论述，文件指出环境教育的任务要由“帮助人们正确认识了解环境、掌握解决环境问题的知识技能”转向“促使人们树立可持续发展观念，提高有效参与解决环境问题技能”，标志着国际环境教育进入了一个崭新的发展阶段，环境教育与可持续发展开始被联系在了一起。

通过有效的环境教育，提高人的环境意识，指导人的环境行为，这是有效解决环境问题的根本途径。尽管环境教育蓬勃发展，但学界对环境教育的科学内涵的理解不尽相同。比较有代表性的是由徐辉、祝怀新对环境教育所给出的定义。该定义从环境的角度出发，认为环境教育是以跨学科活动为特征，唤起受众的环境意识，使受教育者理解人类与环境之间的相互关系，并进一步提升解决环境问题的技能，同时树立正确环境价值观与环境态度的一门新兴教育科学。环境教育的目的在于对受教育者环境素养的综合培养，包括环境知识、环境技能、环境价值观、环境态度及有益于环境的行为模式等多个方面。因此，环境教育不是一种独立的专业教育，而应是一个与环境相关领域密切相关、涉及自然科学与社会科学的综合性教育。

二、环境素养概念界定

环境素养这一概念首先由美国学者 Roth 在 1968 年提出。随着工业革命的快速发展，美国出现了各种生态问题，环境污染十分严重，当时媒体就提出了一种新的观点，认为环境污染问题主要是由一部分人造成的。依据这一观点，Roth 认为公民的环境素养高低程度不一，由此提出了环境素养的概念。他还将环境素养进一步细分为十二个方面，包括环保关注、环保思想、环境价值观、环境经济意识、环境科技意识和环境伦理意识等。

1970 年，在美国环境质量委员会的年度报告中，美国前总统尼克松曾以“环境素养”为主题发表讲话，他指出美国环境问题的解决，需要全面地进行改革，以获得新的环境知识、环境概念和环境态度，美国的民众必须重新审视自身与环境间的关系，强调了环境素养的重要性。

同年，美国新泽西州环境教育委员会根据环境素养目标，首先制订新泽西州环境教育整体规划。希望通过这一方式迅速而有效地培养具有环境素养的公民。该计划同时强调具有环境素养的公民应了解环境间的相互关系与责任，并且具有解决现存环境问题及防止将来问题发生的知识和技能。

20 世纪 80 年代，我国首次提出了“环境素养”的概念，但很长时间内我国学者都将“环境素养”等同于“环境意识”，其研究也多集中在认知、意识、态度等方面，并多为独立概念研究，鲜有对这些与环境素养相关概念的深层次、系统化的研究。自联合国将 1990 年定为环境素养年开始，国外有关环境素养的研究至今已有近半世纪的历史，取得了丰硕的研究成果，并积累了丰富的研究与实践经验，这对我国的环境素养理论体系的构建及发展有积极的促进作用，也为我国的环境保护、生态文明建设提供了新的路径。

因此，本书所提及的“环境素养”是对上述各种相关概念的整合，其相互关系如图 2-1 所示。其中，环境意识作为环境素养的核心主体，经历了由浅层发展向深层发展的过程，从“限制性”功能向“创造性”功能发展，体现了人类的能动性。环境意识的提升可以转变人们对待环境的态度，形成有利于环境保护的价值观；人的行为模式又是由人对待事物的态度所决定的，因此环境态度会决定人的环境行为；环境教育是环境素养实施的保障，作为提升环境素养的手段和途径，可以增强环境意识，改变环境态度，影响环境行为。综上所述，环境素养应是一个“知行合一”的过程。环境素养强调的是人们对环境的认识水平的提升，使其对环境产生认同感。在这种价值观念的作用下，人们会有意识地去关注环境问题，反对任何破坏环境的行为并且会自觉地做出维护生态系统的良性发展的行为。

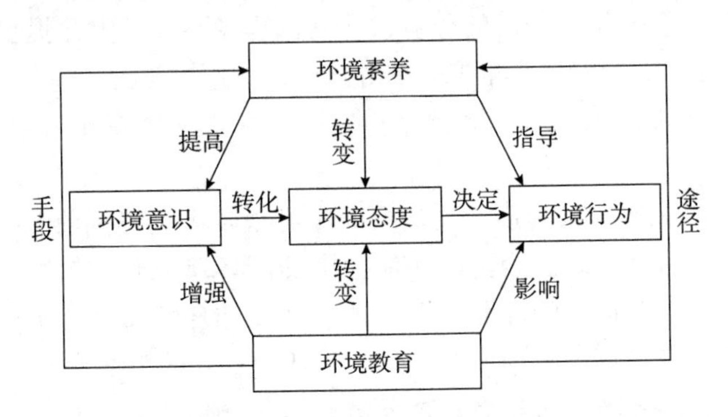

图 2-1　环境素养相关概念关系

环境素养的提升，最终要落在环境行为的改变上。根据社会行为学理论“行为改变的层次”可得出，环境行为的改变应体现在环境知识、环境态度、个体环境行为和群体环境行为四个层面。

（1）环境知识的改变。这种改变相对较容易，可以通过各种日常的形式与途径来实现，如阅读、学习、信息交流互换、新闻媒体等。环境知识的改变包含个人环境知识结构的改变、对环境认知水平层次的改变。环境知识的改变往往是环境知识的提升、加强，通过这一过程可使人们认识到环境行为的重要性。

（2）环境态度的改变。环境态度是建立在环境认知水平上的一种评价倾向，可以说环境知识的改变会促使环境态度转变。而环境态度往往容易受情感影响，态度一旦形成，理智就很难随意驾驭。因此，环境态度的改变要比环境知识的改变更为困难。但一旦态度形成，则更具有稳定性和持久性，进而会逐渐演变为人们的自觉行为。

（3）个体环境行为的改变。人的环境行为不仅是由人的动机决定的，同时还包含着人们的环境态度的意向。环境态度的意向成分会决定个人对环境对象未来的行为倾向。环境态度和环境行为虽然不是唯一的对应关系，但环境态度对环境行为有着不可忽视的影响。环境行为的改变，还要受人们的环境习惯的影响，而环境习惯是一种常年化的行为结果，是人们对环境对象根深蒂固的认识。所以，环境行为的改变一般要更困难一些。

（4）群体环境行为的改变。相对于个人环境行为的改变，群体环境行为的改变更加困难。因为群体由个体所组成，个体的多样性、复杂性使群体整体的改变十分困难。而且群体已有的一些意识、规范、道德、传统、风俗、习惯等，都制约着每个群体成员的行为。因此，环境群体行为的改变，必须首先是群体中个体的改变，进而实现整个群体的改变。只有群体环境行为都朝着良性方向发展，才能说明公民环境素养得到了提升。

第二节　理论基础及思想渊源

一、理论基础

（一）环境伦理学

20世纪，西方发达国家的社会经济水平取得了显著提高，但人口与资源、环境等问题开始凸显。有关专家学者开始意识到，环境问题的解决并不能简单依靠科技发展或制度完善，伦理道德也是关键因素。伴随着西方环境保护的不断实践，促使环境伦理学的相关理论不断深化与发展。

在环境伦理学基本理论中，人类中心主义和非人类中心主义的影响最为深远。在过去很长时间内，人类中心主义理论直接影响着人对待环境的态度。人类中心主义流派认为，在人与自然的关系中，自然只是人类的工具，可以通过环境来获得利益，人类的利益应处于首要位置。随着环境污染的加剧、环境问题的频发，各国政府却束手无策，人类面临着前所未有的危机。非人类中心主义伦理观就是在这一时期相继出现的，并随后超越“人类中心说”成为社会主流思想。非人类中心主义期望建立一个以自然生态环境为标准尺度的理论价值体系及与之相适应的发展观念。非人类中心主义相关学派众多，比较有代表的理论有生态整体主义伦理学、动物权利论、敬畏生命的伦理学等。这些不同的学派尽管研究的重点不同、所持观点亦有分歧，但它们都强调培养公众生态道德意识的重要性，在环境伦理学的基本准则下进一步探索了新时期生态道德行为的选择与生态道德秩序的建立。非人类中心主义理论思想的大量涌现，对世界环保运动起到了积极的推动作用，也促进了环境伦理的发展和人类道德的进步。

20 世纪 80 年代，西方环境伦理学思想开始进入我国，得到了学界的广泛关注。尽管有些思想也引起了学界不小的争论，但环境伦理学所提出的“维护生物多样性、保护环境”的道德目标却得到一致认同。环境伦理学还强调道德调整对象的范围应从过去单纯的社会领域进一步扩展到自然界。

综上所述，我们可以得出，环境伦理学就是关于人与自然环境关系的道德研究。环境伦理学希望可以通过道德手段，重新定义人与自然的生态关系。环境伦理学并不是简单地将传统伦理学知识引用至自然环境领域，而是在此基础上的延伸、融合与升华，是人类反思环境问题后对环境产生的全新认识。环境伦理学的产生不仅是人类道德境界的提升，同时也是人类道德进步的体现。

公众环境素养的提升需要我们根据环境伦理学的相关理论体系，在全社会范围内建立统一的环境道德标准。环境伦理学是我们实施环境教育、提升环境素养的重要理论支柱。

（二）可持续发展理论

新中国成立以来，人口的飞速增长、社会需求不断增加，导致自然资源的大量消耗及能源紧张，这一问题严重制约了社会经济的发展，使经济发展与自然生态环境之间出现了紧张局面。要解决这一矛盾，就求我们要寻找一条能使人与自然环境协调发展的新型道路。一种新的发展观、道德观和文明观——可持续发展观被提出。可持续发展观的核心要义就是在满足当代人生活需求的同时，又不能影响子孙后代生活的需求，要求我们合理利用宝贵的环境资源。可持续发展不再以“经济增长”作为发展的唯一标准，它是以保护自然资源环境为基础，强调要在人与自然环境的关系以及人与人的关系和谐发展的前提下，以改善和提高人类生活质量为目标的经济、社会、生态的全面优化的发展理论和战略。可持续发展战略的目的是要激活社会的可持续发展能力，使人类世世代代都能够在地球家园上生活下去。可持续发展最基本的要求就是人与自然环境的和谐共处。地球作为一个巨大的自然系统，是地球上包括人类在内所有生命的支持系统。一旦这个系统遭到破坏、失去稳定，一切生物（包括人类）都将灭亡。经济的发展和社会的稳定都离不开自然环境，保护好环境是可持续发展的关键。自然资源的可持续利用，是实现可持续发展的基本条件。

可持续发展观是我国在环境保护过程中的智慧提炼，为我们进一步提升环境素养提供了目标与方向。

（三）马克思主义生态观

生态兴则文明兴，生态衰则文明衰。虽然在马克思和恩格斯的著作中没有直接出现过“生态”这类词语，但他们的论断中却包含着丰富的生态思想。首先，他们在一些著作中详细论述过人与自然的关系。“人本身是自然界的产物，是在他们的环境中并且和这个环境一起发展起来的”。马克思、恩格斯认为，人类同其他地球上的生物一样都是自然的组成部分，人来自自然，存在于自然。恩格斯还说过：“我们连同我们的肉、血和头脑都属于自然界，存在于自然界。”这些论断都说明人与自然密不可分，人是自然界的产物之一，依赖于自然。人类是自然环境的一部分，人与自然是共生共存的关系，不能把人割裂在自然之外。其次，马克思还说过：“劳动首先是人和自然之间的过程，是人以自身的活动来引起、调整和控制人和自然之间的物质变换过程。”他强调人在发挥主观能动性改造自然时，要遵循自然规律。

人类可以根据自己的需要，通过劳动实践满足其生存发展需要。但是，人类在劳动实践过程中，必须要在尊重自然的前提下，对自然进行开发，对自然的开发应从“自在自然”向“人化自然”转化，并在开发过程中自觉地保护环境。在自然规律面前，人类何其渺小。大量事实已经证明，如果人类不遵循自然规律，必然会受到自然的惩罚。正如恩格斯所说，“不要过分陶醉于我们对自然界的胜利，对于每一次这样的胜利，自然界都对我们进行了报复”。这就要求人类在劳动实践过程中要正确认识、遵循和合理利用自然规律，构建人与自然的和谐发展。环境素养就是充分认识马克思主义生态环境思想中国化的内容，正确认识、遵循和合理利用自然规律。马克思、恩格斯的生态观为我们辩证看待人与人、人与自然的关系提供了指引，对开展环境素养教育有指导意义。

（四）环境社会学理论

环境社会学在最近20年得到了快速发展，涌现出了不少新的理论观点，其中有几种对环境素养的建设也产生了重要影响。如邓拉普和卡顿所提出的“新生态范式理论”，这一理论与传统社会学中强调的“社会事实只能被其他的社会事实所解释”原则不同，它以生态环境为研究中心，形成了关于社会与环境互动关系的新研究领域和分析框架。他们还进一步指出，环境对于人类有三种功能，即提供生存空间、提供生存资源、进行废物储存和转化。现代社会中大量环境问题的出现，就是由于环境的这三种功能之间矛盾解决和协调方案出现了障碍所致。

美国学者J. B. 福斯特在充分认识和理解马克思理论中的生态环境思想后提出了一新的理论——“代谢断层理论”。福斯特认为，马克思根据对那个时代主要生态环境问题的深入解析，提出了人类与自然之间存在着一种“代谢”关系。福斯特指出，社会—生态的“代谢”理论主要植根于马克思对劳动过程的理解，在马克思看来，一系列生态环境问题的产生，正是由于资本主义所实施的工业化大生产和大农业生产阻断了几千年来人类社会与自然界之间正常的代谢和交流，因此认为保障生态系统的持续利用是对人类社会进步的必然要求。

环境社会学理论有助于我们从社会变迁、社会行为、社会阶层、社会人口以及社会心理等社会学领域全方位、多角度对自然资源、人与环境、环境素养等问题给出新的解决方案。国家和个人的富裕程度与社会不平等状况等都可能对环境问题产生影响。运用多种角度的社会学知识和理论来重新定义人类社会与自然环境之间的相互关系，对提升环境素养来说都是有益的尝试。

二、思想渊源

环境问题自古有之，早在数千年前，我国就开始探索人与自然的关系，但这些探索大多只是一些朦胧的生态意识，并未形成理论体系。自先秦开始，我国历代著名的大思想家在看待人与自然环境的关系上都提出过一些独到见解。这些见解对当时人类的思想、行为以及对后世探索人与自然的关系有着重要的启蒙意义，是现代相关理论思想的渊源。如荀子在《礼论》中所说“天地者，生之本也”、董仲舒所说“天人感应”与“天人一体”，以及《中庸》中所提出的“致中和，天地位焉，万物育焉”等都属于对环境素养的初期认识。

（一）天人合一

两宋时期，我国生态环境较上古时期的变化日益明显。因此，宋人对生态环境的认识在前人的基础上有了更多角度的拓展，也产生了更广泛的、较系统的环境意识。宋代儒士提出的“天人之际，合而为一”是一种朴素的强调协调人与自然关系的生态伦理观念，这些观念作为中国古代重要的思想遗产，为提升我国当前的环境保护实践及环境素养，提供了重要理论参考和现实意义。

儒家文化中所说的“天人一体”“天人合一”“中庸”“和谐”与“阴阳”都有其对人与环境关系的思考，可被看作环境意识的哲学基础。儒家文化中的生态环境观念是通过“仁”体现出来的。“仁者爱人”，儒家强调的“仁”应是兼爱世间万物，对待世间生灵尤其要有一颗“仁爱”之心。儒家认为伐木杀生都要讲“仁”，同时把对待其他生灵的态度作为评价一个人品德的重要标准。

在他们看来，“天人一体”不仅是一个哲学命题，也是一项伦理原则，是古人处理人与自然关系最宝贵的思想基础和道德准则。这里的“天”指的是自然之天，是自然环境的代名词。“天人合一”而非“人天合一”，强调的就是人与环境的关系，即人与环境，环境在先，自然为本，人是天地万物的一分子，必须顺应自然，方能“仁者以天地万物为一体”。

（二）中庸

“中庸之为德。”“不偏之谓‘中’，不易之谓‘庸’”。古人把“中庸”作为日常生活中认识和处理各种事物的一种方法论，它是一种行为准则，也是一种判断美德的标准。这种中庸伦理观，不仅适用于人类社会，也同样适用于自然界。朱熹在《中庸章句》中曾说过：“中者，和也。中节也，天下之达道也。”“中庸”作为一种处理人与自然关系的伦理思想，不是要求我们在遇事待物时毫无原则折中退让，而是教育我们在面对问题时，要从客观实际出发，正确地认识自然，顺其自然，做到适中合度，强调的是人要尊重自然规律，并与自然和谐共处。做到“天地之位，万物之育，不失其常”“天地之化，虽廓然无穷，然而阴阳之度、日月寒暑昼夜之变，莫不有常”。此为古人在漫长的历史实践中总结的中庸之道。

（三）“和”文化

“和”文化是中国文化的精髓之一，是中国人千百年来处理人与人的社会关系以及人与自然环境关系中的核心伦理标准。“和”即“和谐”，追求和谐一直是中国文化中的美德。古代思想家讲的“和”不仅是追求人类社会领域的和谐，而且还要求人与自然和谐相处。道学家在儒家“和”文化的基础上，发展出了相对系统的人与自然和谐相处的思想理论。

自古以来，人类活动不仅改变了人类的生活方式，而且导致了人类生存环境处在不断变化中，大自然总会以它独特的方式给人类以警醒。古代思想家们所提出的人与自然和谐相处的朦胧环境意识，可谓是对环境变迁的一种理性思考，是一种智者的先觉意识，更是一种看到生态被破坏的“悲天悯人”的忧患意识。近世以来，人类生存危机已影响全球，生态环境危机是关系到整个人类的重大问题。探索和反省中国历史上在环境认知与环境保护方面的成功经验，对于更好地建设和谐社会、实现中华民族的永续发展、提升公众环境素养同样具有积极的理论意义和实践价值。

第三节　环境素养的内容及特征

一、环境素养的内容

通过对环境素养与环境意识、环境态度、环境行为及环境教育等相互关系的对比研究，不难发现环境素养相比其他概念关注的问题更具有广泛性和全面性，在认识的程度上也比较深刻，它是对环境问题更理性的分析。

环境素养是人们在日常生产生活学习中逐渐修习、积累而形成的关于环境、人与环境的关系以及人类对待环境行为的一种综合素质。环境素养具体包括五大主要内容：环境认知、环境意识、环境伦理（环境道德）、环境技能、环境行为，如图 2-2 所示。环境认知作为环境素养的基础，是人们通过后天学习而获得和形成的关于人类生存的环境知识，它是一种系统的知识结构。环境意识是人们在获得了大量环境知识基础上的情感表现，是积极的态度、正确的价值观，是具有较高层次哲学素养的表现。环境意识体现了人类的环境情感和价值取向，它既基于环境知识的掌握和环境行为的实践，又能反作用于它们，提高公众环境意识，将人与自然协调发展的价值观深植于人们的观念之中，是生态环境保护与治理的重要环节。

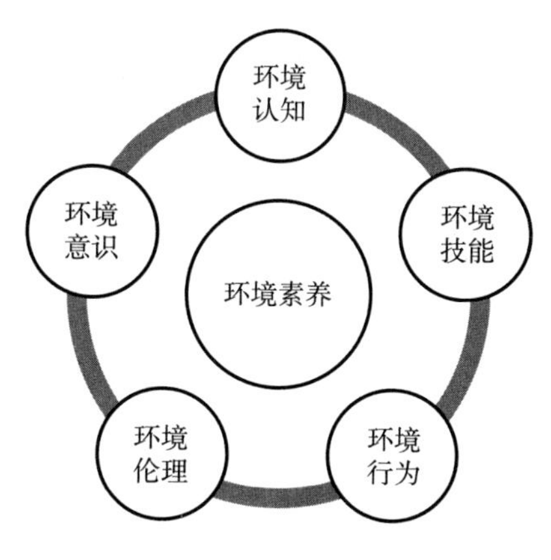

图 2-2　环境素养内容

道德是一种社会意识形态，是人们在社会实践中逐步形成的、用以约束人们行为方式的准则与规范，它具有维护社会秩序、调节社会矛盾、认识自我、追求至善的教育导向功能。纵观人类发展的历程，人类文明主要依靠道德的建立来维系与传承。环境道德是一种更深层次的环境意识和生态良知，是通过环境知识的输入实现环境思维价值观的根本变革，教育人们应当以造福于而不贻祸于子孙后代的高度责任感对待环境，应从社会的全局利益和长远利益出发维持生态平衡，自觉防止对自然环境的人为性破坏，平衡人与自然的正常关系。环境道德应成为现代社会中与社会公德、职业道德、家庭美德等同样重要的公民个人品德。环境道德规范的建立有助于人们对客观环境的认识，自愿地将个人的环境行为纳入道德规范中，从而变被动为主动，变服从为律己，将外部的环境道德要求转变为自身内在的良好的自主行为。

素养就是人们为适应未来社会发展，终身学习的关键能力与必备品格。环境素养的最终落脚点应落在环境行为及环境技能上。环境行为是维护环境可持续发展的手段，处于环境素养结构的较高层次；环境技能是运用一定的环境知识确定和解决周围地区及全球环境问题的能力，环境技能处于环境素养的最高层次。

二、环境素养的特征

环境素养是一种更先进、更科学的价值观，反映了人与自然环境的和谐发展，是人与自然环境关系所反映的社会思想、理论、情感、意志、知觉、伦理等观念形态的总和，进而对人类的环境行为产生影响。

环境素养的产生是一次人类认知水平的提升，是人类对自身与自然关系认识的一次重要转变，体现了人类价值观的完善与进步。环境素养主张要打破传统的环境价值观，明确人与自然和谐共存的价值方向，摒弃落后的社会发展模式，实现社会物质生产方式和社会生活方式的重大革新。

环境素养作为一种素养类型，其特点与其他形式的核心素养有相同之处，但也不尽相同，具体体现在以下几个方面：

1. 综合性

环境素养是一种综合性素养，它是人们在对自然环境客体有了一定认知的基础上，对环境规律的科学把控。它涉及自然、社会、经济及管理等多个学科的交叉与融合。环境素养是对以往各类相关概念的整合与提升，是人类在环境认知、意识、态度、行为与技能等多维度的综合体现。环境素养是一个综合体，环境素养及其内部各组成要素之间紧密相连、相互作用。

2. 多样性

环境具有多样性，人类自身同样具有多样性，相应的环境素养也具有多样性。一方面，其多样性体现在主体多样性、组成多样性、结构多样性及功能多样性等多个方面。另一方面，体现在领域多样性、应用多样性、对象多样性等方面。环境问题涉及各个领域、各个阶层，与每个环境主体息息相关。因此，为保护人类健康、维护生态系统平衡，人类必须承担起维护、保持和提高环境质量的共同责任。

3. 全民性

人人参与是全民性的基本含义。人人参与可以对自然环境产生积极的或消极的影响，它可以是保护自然环境，也可以是破坏自然环境。环境素养的核心目标就是要减少环境破坏行为主体，增加环境保护行为主体。这一减一增就是环境素养提升的价值。环境素养应面向各个层次、所有年龄段的人民群众，对其开展各种形式的环境教育。

4. 实践性

环境素养的最终目的是付诸实践，要解决具体的环境问题。不仅要以掌握环境知识和环境技能为前提，更要以特定环境进行集体实践为条件。体现在环境教育中，就是要将环境教育与实践活动结合起来，从而使环境知识能运用于实际，使高质量的素养转变为高质量的行为。同时，学生还可以经过实践的亲身体验来巩固所学知识与技能，并培养热爱环境的情感。

5. 连续性

对于环境而言，其最大的特征就是持续不断的变化，环境教育作为提升环境素养的主要手段，要将各年龄层、各阶段与环境的这种变化结合起来。环境教育应当是一个连续的过程，是一个终身过程。因此，环境素养的提升必须贯穿于教育的全过程，从小抓起，使人们在成长初期就树立正确的价值观，具备保护环境的意识。同时，环境教育还应融会在各类社会教育中，并提升环境教育的内容、层次、水平和成效，使其更具实用性和可操作性，以指导人们的环境行为、环境决策和环境管理实践。

具有环境素养的人将会在意识认识、理论道德、行为规范等方面具有鲜明的特征。

第一，具有环境素养的人对自然环境怀有敬畏之心，他们尊重自然、爱护自然，具备对自然和环境的敏感和尊重。他们知道人与自然环境可以和谐共处，而且也能够自觉地保护自然并且负责任地利用自然环境。对待自然环境有正确的环境价值观指导其环境行为。

第二，具有环境素养的人会主动进行学习探索，以掌握更多的环境知识。通过了解、学习，他们能够对周围环境的组成、结构以及形成过程等方面有更专业的认知。通过获取大量的专业知识，他们能对自身有更客观的认识，可将自己置于自然环境系统中。他们懂得自然环境对人类的重大意义，懂得人与自然和谐发展的必要性。

第三，具有环境素养的人往往具备较高的知识水平，除自然科学知识外，在心理学、社会学、历史学、经济学以及人类学等领域也有较高的认知水平，这些相关的社会科学知识，完善了人们关于自然的认识，同时也有助于人们形成环境素养。在应对、处理人与环境间的相互关系时，采用的方法措施往往更加科学有效。而且这些知识的积累，还可以帮助人类更好地管理自己。对于环境素养来说，社会科学与自然科学都非常重要，人类需要用社会科学的知识为我们了解环境问题提供文化与社会视角，并发现更有效的解决办法。

第四，具有环境素养的人懂得人与自然相互作用的简单过程，通过加强环境教育，人们的意识被提高，态度发生转变，素养被提升，进而在生产、生活的各个方面体现出来，垃圾分类就是很好的例子。

第五，具有环境素养的人应该理解环境问题。我们的生活方式是导致大量环境问题的根源以及对自然环境所造成的影响。

第六，具有环境素养的人拥有分析环境问题的能力。在应对及处理环境问题时，他们可以快速做出分析判断，找出问题的根源，进而提出更专业、更合理、更正确的解决方案或方法。

第三章　环境素养的重要性及意义

第一节　我国环境问题的严峻性

一、不同要素存在的环境问题

人作为自然环境中的一部分，生活在自然环境之中，必然会与自然环境产生各种密切的联系。人类依靠自然环境为其提供能量和资源，并对环境产生了一定的影响与干扰。反过来，自然环境也从各个方面对人类产生着重要的影响与制约。此外，人类对自然环境的改造与影响的结果，有时又会反作用于人类自身。在这一过程中，人类与自然环境各个要素之间都会有相互影响、相互作用及相互制约的效应，其中人类对大气环境、物理环境、土壤环境、水体环境、食品环境及生物环境等方面的影响与干扰最为显著，而这几类环境要素对人类的生活、生产的影响及制约也最重要。

因此，人类与环境之间的相互关系及相互作用，以及产生的人为环境问题主要集中在以下几个方面：

（一）大气环境

1. 概述

大气圈的总质量约为6000万亿吨，在地球各个圈层中只占到0.0001%左右，但它的组成成分却极为丰富、复杂，大气圈对人类及其他生物的生存与发展至关重要。大气圈为地球生命的生存、繁衍以及人类社会的进步发展提供了适宜的环境。

由于大气中的物质循环过程非常复杂，它不断地处于动态的变化之中，人类的活动和生存也在不断受到影响。与此同时，人类通过生产和生活实践持续地对大气环境产生巨大的影响。人类与大气环境之间持续不断的物质和能量交换决定了整个环境中大气环境的重要性。而人与大气环境间的环境问题主要是大气污染。

大气污染物通过人工来源或天然来源进入大气环境（输入），并参与大气环流过程，经过一段时间的停留后，又通过大气中的各种化学过程、物理过程和生物活动从大气环境中消除出去（输出）。如果输入速率大于输出速率，污染物就会在大气中积聚，从而导致某种物质的浓度增加。当其浓度超出了安全阈值时，就会直接或间接地对人体健康或其他生物产生急性或慢性危害，且会造成大气污染。

2. 现状

改革开放 40 年来，我国的社会经济发生了巨大的变化，人们的生活水平得到了很大的提高，工业化、城镇化速度不断加快。与此同时，我国的大气污染问题亦日渐严峻，特别是近几年我国雾霾天气频发，不仅影响了公众的正常出行，更对公众的身体健康造成了严重危害。因此，我国社会各界都十分关注大气污染问题，并从各个层面积极治理大气污染。

根据《2017 中国生态环境状况公报》，我国的大气污染问题不容乐观。2017 年，全国 338 个地级及以上城市中，空气质量达标的城市只有 99 个，占比仅为 29.3%；剩余 239 个城市的环境空气质量均超标，占比达到了 70.7%。其中，有 338 个城市发生严重污染 802 天次，发生重度污染达 2311 天次，74.2%的污染天数是以 PM 2.5为首要污染物，20.4%的污染天数是以 PM 10为首要污染物，5.4%的污染天数是以 O_3为首要污染物。其中，有 48 个城市全年发生重度及以上大气污染天数超出了 20 天，主要集中在河北、河南及新疆等地区。

以京津冀地区为例，2017 年该区域有 13 个城市的优良天数比例范围为 38.9%~79.7%，平均为 56.0%，与 2016 年相比，下降了 0.8 个百分点；平均超标天数比例为 44.0%，其中轻度污染为 25.9%，中度污染为 10.0%，重度污染为 6.1%，严重污染为 2.0%。优良天数比例达到 50%~80%的城市只有 8 个，比例低于 50%的城市有 5 个。超标天数中，以 PM 2.5、O_3、PM 10 和 NO_2为首要污染物的天数分别占污染总天数的 50.3%、41.0%、8.9% 和 0.3%。

目前，针对我国大气污染的现状与特点，可将其划分为以下几个类型：

（1）煤烟型污染。此污染类型的污染物主要是SO_2、NO_X、CO和颗粒物，当环境温度低、光照较弱、空气湿度高、风速较小并伴有逆温存在时，将不利于大气中的一次污染物的迁移、扩散，这些污染物极易在近地层积聚，形成还原型烟雾。20世纪中期的伦敦烟雾事件、马斯河谷事件和多诺拉等烟雾事件，都是典型的煤烟型污染。

煤烟型污染主要是燃煤引起的。煤炭作为一种常用的固体燃料，它的物质组成十分复杂，其可燃成分主要是由碳、氢及少量氧、氮和硫等一起构成的有机聚合物。煤炭中不可燃的无机成分（统称为灰分）也较多，其含量或产生量的多少与煤炭的种类、产地及利用方式息息相关。

燃煤是造成大气污染的重要原因，是大气多种污染物的主要源头。与燃烧石油和天然气相比，在燃烧设备相同的情况下，燃煤所排放出的SO_2和颗粒物要高很多。因此，煤质的高低至关重要。

燃烧过程中形成的氮氧化物，一部分由燃料中的固定氮生成，常称为燃氮氧化物；另一部分由空气中氮气在高温下通过原子氧和氮之间的化学反应生成，常称为热氮氧化物。不完全燃烧产物主要为CO和挥发性有机化合物，这类物质排放到大气环境中不仅会造成污染，也降低了能源利用效率。此外，燃煤所产生的大量SO_2是环境酸化的重要前体物之一，其可以被进一步氧化生成硫酸雾或硫酸盐气溶胶，进而形成酸沉降。

我国是世界第二大能源生产国和消费国，长期以来煤炭都是我国的主要能源，由煤炭所引起的大气污染问题日趋严重。《中国矿产资源报告》（2018）表明，2017年我国煤炭探明资源储量为16666.73亿吨，比2016年增加了4.3%。其中，一次能源生产总量为35.9亿吨标准煤，比2015年增长了3.6%；消费总量为44.9亿吨标准煤，增长2.9%，能源自给率为80.0%。2017年，在能源消费结构中，煤炭、石油、天然气占比分别为60.4%、18.8%、20.8%，煤炭仍然是主要能源。此外，随着燃煤量的不断增加，相应的煤烟型污染物排放量也在不断增长，尤其是SO_2的排放量已超过美国，中国成为最大的SO_2排放国。

2014年，国务院颁布了《能源发展战略行动计划（2014—2020年）》，该计划指出：我国优化能源结构的路径就是要降低煤炭消费比例，提高天然气消费比例，大力发展风能、太阳能、生物质能及地热能等可再生能源，安全发展核电。计划到 2020 年，降低煤炭消费比重，致力控制在 62%以下，提高非化石能源占一次能源消费比重，计划提升至 15%，旨在节能减排，提升大气环境质量。

（2）交通型污染。机动车和机动船是交通型污染的主要来源，特别是汽油车和柴油车所排放出来的污染物 CO、NO_X和 HC（碳氢化合物）越来越多，对环境及人体的危害越来越大。

在交通型污染频发且严重的地区，极易产生光化学烟雾。这种烟雾与煤烟型烟雾不同，它一般发生在光照较好、相对湿度较低的夏季，中午和下午容易发生，夜间消失，影响范围可达下风向几百到上千公里。

光化学烟雾引起危害的主要原因是 O_3和其他氧化剂直接与人类、动物和植物接触，其极高的氧化性对人体的黏膜系统产生了强烈的刺激，进而引发咳嗽、咽喉干燥、胸痛、黏膜分泌物增加、疲劳乏力、恶心等不良症状；长期接触还会严重危害肺部功能。此外，光化学烟雾中高浓度的 O_3也会对植物造成损伤，对高分子材料产生破坏性影响。它还会严重影响大气的可见度，并导致城市空气质量的恶化。

1940 年，光化学烟雾首次在美国的洛杉矶地区发生，此后，其他的一些国家也陆续出现了此类烟雾事件。

目前，我国由移动源引发的大气污染问题日益突出。尤其是在我国的一些特大型城市以及东部沿海人口密集地区，移动源对细颗粒物（PM 2.5）浓度的贡献高达 10%~50%。特别是在极端恶劣的条件下，其贡献率往往更高。而大量的移动源往往又多在人口集中区域活动，其排放出的污染物对人体健康造成了严重威胁。

据《中国机动车环境管理年报》（2018）显示，2017 年，全国机动车保有量达 3.10 亿辆，比 2016 年增长了 5.1%，其中汽车保有量达到了 2.17 亿辆（含新能源汽车 153.0 万辆）。此次年报统计的机动车包括汽车（微型客车、小型客车、中型客车、大型客车、微型货车、轻型货车、中型货车、重型货车）、低速汽车、摩托车，不含挂车、上路行驶的拖拉机等，总计 29836.0 万辆。其中汽车 20816.0 万辆，低速汽车 820.0 万辆，摩托车 8200.0 万辆，可见机动车中主要是以汽车为主。汽车构成按车型分类，客车与货车所占比重分别为 88.8%和 11.2%。按燃料类型分类，汽油车、柴油车、燃气车分别占 89.0%、9.4%、1.6%。按排放标准分类，国Ⅰ前标准的汽车占 0.1%；国Ⅰ标准的汽车占 3.7%；国Ⅱ标准的汽车占

5.5%；国Ⅲ标准的汽车占21.2%；国Ⅳ标准的汽车数量最多，占47.5%；国Ⅴ及以上标准的汽车占22.0%。2017年，全国机动车四项污染物排放总量初步核算为4359.7万吨，与2016年相比，削减了2.5%。其中，一氧化碳（CO）3327.3万吨，碳氢化合物（HC）407.1万吨，氮氧化物（NOx）574.3万吨，颗粒物（PM）50.9万吨。

汽车是机动车排放的主要来源，其CO和HC排放超过80%，NOx和PM超过90%。根据车型分类，卡车排放的NO_X和PM明显高于客车，其中重型卡车是主要贡献者；而客车CO和HC排放量则显著高于货车。根据燃料分类，柴油车排放的NO_X接近汽车排放总量的70%，PM达90%以上；汽油车的CO和HC排放量较高，CO超过汽车总排放量的80%，HC超过70%。根据排放标准阶段分类，CO和HC排放量以国Ⅲ、国Ⅳ阶段为主；国Ⅲ阶段NOx和PM排放量最多。

另外，非道路移动源排放对空气质量的贡献也不容忽视。工程机械保有量720.0万台，农业机械柴油总动力76776.3万千瓦，船舶保有量14.5万艘，飞机起降1024.9万架次；非道路移动源排放二氧化硫（SO_2）90.9万吨，HC 77.9万吨，NO_X 573.5万吨，PM 48.5万吨；NOx和PM排放量接近于机动车。

据预测，未来五年，中国将新增1亿多辆汽车以及超过160万台工程机械车辆，新增1.5亿多千瓦农业机械柴油总动力以及1亿~1.5亿吨车用汽柴油，因此，大气环境所面临的压力十分巨大。

我国首批城市细颗粒物（PM 2.5）来源的分析结果显示，燃煤排放仍然是大多数城市PM 2.5浓度的主要贡献来源，但也有一部分城市的机动车已成为其主要的贡献源。在北京、上海、广州、济南、深圳和杭州等城市中，移动排放已成为细颗粒物的首要来源，分别占总量的45.0%、29.2%、21.7%、32.6%、52.1%、28.0%。南京、武汉、长沙和宁波的移动污染源已成为城市大气污染的第二大污染源，分别占24.6%、27.0%、24.8%和22.0%。石家庄、保定、衡水和漳州移动源占排放的比例相对较低，分别为15.0%、20.3%、13.5%和19.2%，在各种污染源中排名第三或第四。上述城市的PM 2.5源分析结果是其全年的平均占比情况，当北方地区进入冬季采暖期时，燃煤排放所占比重就会增大，而移动源所占比重相对就会减少。但在冬季出现重污染的情况下，移动源排放在当地污染积累中的作用十分显著。因此，加强对机动车排放的管控力度将有助于减轻大气污染的严重程度。

2017 年，我国对北京和天津大气污染的主要传输通道城镇进行了 PM 2. 5源研究分析工作，初步结果显示，移动源对大气中 PM 2. 5的贡献在 10%~50%。这些城市主要包括北京、天津，河北省的石家庄、唐山、廊坊、保定、沧州、衡水、邢台、邯郸，山西省的太原、阳泉、长治及晋城，山东省的济南、淄博、济宁、德州、聊城、滨州及荷泽，河南省的郑州、开封、安阳、鹤壁新乡、焦作及濮阳（简称“2+26”城市，包含河北省的雄安新区、辛集市、定州市，河南省的巩义市、兰考县、滑县、长垣县以及郑州的航空港区）。

2017 年 3 月，在十二届全国人大五次会议上，李克强总理在政府工作报告中明确提出：“要打好蓝天保卫战。强化机动车尾气治理。基本淘汰黄标车，加快淘汰老旧机动车，对高排放机动车进行专项整治，鼓励使用清洁能源汽车。在重点区域加快推广使机用国Ⅵ标准燃油。”总之，移动源对大气污染的影响越来越大，如何制定移动源的污染防治工作方案和配套政策，大力发展使用清洁能源汽车已成为我国今后的工作重点。

（3）酸沉降。酸沉降是大气中的酸以降水形式（如雨、雪、雾、霜等）迁移到地表，或在含酸气团气流的作用下直接迁移到地表的现象。前者称为湿沉降，后者称为干沉降。

最早有关酸沉降的研究主要是针对酸雨，而酸雨问题现已成为当今全球最严重的环境问题之一。直接引起酸沉降的污染物主要是人为和天然排放的 SO_X（主要是 SO_2和 SO_3）和 NO_X（主要是 NO 和 NO_2），其中天然源一般是全球分布的，而人为源一般是主要污染源，且具有区域性分布的特点。

当前，人为排放是大气中过量的 SO_2的主要来源，在某些高密度工业区，人为排放比可能高达总硫排放的 100%，即全部为人为排放，其中化石燃料的燃烧是大气中含硫量高的主要原因，约占人为硫排放量的 85%，另外的矿石冶炼和石油精炼分别占 11%和 4%。在北半球的人口集中区域，大气中 NO_X的主要来源就是人为排放。特别是在社会经济发达的美洲和欧洲，交通运输中的污染物排放主要源于机动车，如欧共体机动车的 NO_X排放量约占人为排放量的一半，发电厂占 25%~33%。而对于其他一些农业发达的区域，农药与化肥的使（施）用则是 NO_X的主要人为源，如瑞典人为 NO_X排放量的 30%~40%来自农业生产。

酸雨的危害同样巨大。首先，酸雨会使土壤酸化，pH 值上升，加速土壤中含铝的原生和次生矿物风化，进而释放出大量铝离子，并进一步形成植物可吸收的形态铝化合物。而植物长期和过量地吸收铝，则会中毒甚至死亡。其次，酸雨还可以加速土壤中矿物质营养元素的流失。在酸雨的作用下，土壤中的营养元素钾、钠、钙、镁会逐渐流失，并随着雨水被淋溶迁移。最后，酸雨还可能诱发病虫害，导致作物产量下降，使森林的茎叶被腐蚀或土壤物理化学性质恶化；酸雨还会使水生生态系统的水质变为酸性，对水生生物及其生态系统产生严重影响。此外，酸雨还可以改变土壤的理化性质与结构功能，可抑制土壤中某些微生物的繁殖，降低酶活性，影响它们对其他物质的分解作用；酸雨能够腐蚀建筑物材料，如使硬化水泥溶解，进而出现裂缝和空洞，导致建筑物强度降低，进而出现损坏。酸雨还可以使建筑物外表变黑、变脏，出现"黑壳"效应，影响城市景观和市容。

当前，由于 SO_2和 NO_X排放量日渐增多，我国的酸雨问题也日益严重。目前我国已是仅次于欧洲和北美的第三大酸雨区。在 20 世纪 80 年代，我国就开始了对酸雨的观测与研究分析。我国的酸雨最早主要是分布在西南地区，以重庆、贵阳及柳州等地最为常见，影响面积大约为 170 万平方千米，占国土总面积的 17.7%。进入 90 年代中期，其影响面积又进一步扩大了 100 多万平方千米，影响范围已扩大到了长江以南、青藏高原以东及四川盆地的广阔地区。目前，华中酸雨区已成为我国最严重的地区，以长沙、赣州、南昌及怀化等地最为严重，尤其是在酸雨的中心区域，降水 pH 值甚至低于 4.0，酸雨的发生频率高达 90%以上，已形成了"逢雨必酸"的情况。

《2017 中国生态环境状况公报》显示，目前，我国的酸雨区面积约为 62 万平方千米，占全国土地面积的 6.4%，与 2016 年相比，下降了 0.8 个百分点；其中，酸雨面积较大的地区占全国土地面积的 0.9%。酸雨污染主要分布在长江以南—云贵高原以东，主要包括浙江和上海大部分地区、江西中北部、福建中部和北部、湖南中部和东部、广东中部、重庆南部、江苏南部和皖南部分地区。

2017 年，我国的酸雨问题有所好转，通过对 463 个点的监测，酸雨发生频率平均为 10.8%，较 2016 年下降了 1.9 个百分点。出现酸雨的城市开始减少，比例为 36.1%，较 2016 年下降了 2.7 个百分点；酸雨频率在 25%

以上的城市也开始减少，比例为16.8%，比2016年下降了3.5个百分点；酸雨频率在50%以上的城市比例也有所下降，为8.0%，比2016年下降了2.1个百分点；发生频率在75%以上的城市比例也出现了下降，为2.8%，比2016年下降了1.0个百分点。

2017年，全国降水pH年平均值为4.42（重庆大足县）至8.18（内蒙古巴彦淖尔市）。其中，发生酸雨（降水pH年均值低于5.6）的城市比例为18.8%，发生较重酸雨（降水pH年均值低于5.0）的城市比例为6.7%，而发生重酸雨（降水pH年均值低于4.5）的城市比例则为0.4%，分别较2016年下降了1.0个、0.1个和0.4个百分点。

（二）水环境

1. 概述

地球被誉为“水的星球”，对于地球生命与非生命系统而言，水在促进地球和地球生物的形成、演化及发展方面起着十分重要的作用。而对于人类而言，水环境是与人类关系最密切相关的环境因素之一，其对人类的生存和发展具有决定性的作用。特别是人类活动对水环境的状况产生了极为重要的影响。人类与水环境之间的关系主要体现在三个层面，即水资源、水灾害和水污染。其中，水资源是人类生存的物质基础，水灾害（主要是洪灾与旱灾）对环境安全构成了严重威胁，而水污染则对环境健康造成了危害。

据研究，大约38亿年前，地球上开始有了水，但其形成机理尚不明确。如今，水是地球上最丰富的化合物，海洋、陆地、大气中不同形态的水构成了一个相互作用、相互转换、相互影响、大体连续的圈层，称为水圈。该圈层包括地表的一切淡水、咸水以及土壤水，包括浅层和深层地下水，北极和南极以及各大洲高山冰川中的冰，还包括大气中的水蒸气和水滴以及所有生命个体体内的水。据估计，地球上的水总量约为13.86×10^8立方千米，主要由海水、陆地水和大气水组成。

地球上各种形态的水时刻处于不断的相互转化与运动更新中，进而形成了水循环。水循环与地球生态系统中的几乎所有物理、化学及生物过程都密切相关，其对人类社会和整个地球生态系统都有着十分重要的意义。水是人类生存和发展至关重要的自然资源。水对人类社会发展的作用（即水的功能）体现在三个方面：生活用水、生产用水和生态用水。为了满足生活和生产的需求，人类需要从各类可利用水体中提取水资源用于农业生产、工业生产和社会生活。在开发利用过程中，一部分水被消耗掉了，另一部分水则转变为废污水被排放到环境中。目前，我国的水环境问题不容乐观，特别是水资源短缺和水污染问题十分突出。

水资源的短缺加之水污染的加重，使人们的身体健康受到了严重损害，易引发各种疾病，甚至使人死亡。1970 年以来，人均理论可获得水量减少几乎 40%，而且由于污染的蔓延，使缺水状况加剧。根据世界水理事会发布的《全球水展望》统计，目前世界上大约有 10 亿人口的饮用水达不到安全标准，大约有 30 亿人口缺乏用水卫生设施，全球每年死于水致性疾病（如霍乱）的人口高达 300 万~400 万。

水资源短缺还造成了人类赖以生存的粮食产量的降低。例如，非洲是地球上缺水最为严重的地区之一，近 30 年来，非洲的人口增长率为 3%，而粮食增长率却只有 2%，而水资源的匮乏是制约该区域粮食生产的主要因素。

此外，世界性缺水还造成了全球生态系统的恶化。特别是在我国的北部地区，对地下水的过度无序抽取，使得地下水出现了枯竭，如北京市的地下水位每年下降 1~2 米。此外由于生态用水受到挤占，水质遭受污染，极大地减少了生物栖息地的数量和质量，使生物种类不断减少，由此有关专家学者指出，按照目前的水资源现状与发展趋势，未来水缺乏将成为地球生态环境方面的最大难题。

需要关注的是，水资源的短缺已经成为了引发中东、北非和中亚等地区国家关系紧张和冲突的导火索，这些地区的国家为各自能获取更多水资源，在水利工程建设、政治外交以及军事防御等方面都在积极采取相应的措施与手段。鉴于此，早在 1977 年，联合国就向世界各国发出了警告，称继能源危机之后，下一个危机就是水危机，并积极从中斡旋，以防战事发生。

事实上，水资源的争夺已经成为引发国际冲突和破坏和平的关键因素，其影响范围及破坏程度正在不断增加。许多专家学者提出，资源之争将是未来世界各国的焦点，而水资源将会成为主要目标之一。

2. 现状

（1）水资源短缺。《2017 年中国水资源公报》显示，2017 年全国年平均降水量为 664. 8 毫米，比多年平均值高出 3. 5%，比 2016 年减少了 8. 3%。全国地表水资源量为 27746. 3 亿立方米，相当于年度径流深 293. 1

毫米，比多年平均水平高3.9%，比2016年减少了11.3%。2017年，全国入海水量16941.3亿立方米；从境外流入中国的水量为218.6亿立方米，从我国流出国境的水量为6250.4亿立方米，流入界河的水量为934.2亿立方米。

2017年，我国地下水资源量（矿化度≤2克/升）为8309.6亿立方米，比多年平均值多3.0%。其中，平原地区地下水资源量为1742亿立方米，丘陵地区地下水资源量为6893.2亿立方米。平原区和丘陵区间的双重计算总量为325.6亿立方米。全国平原浅层地下水的总补给量为1819.7亿立方米。

2017年，全国水资源总量为287612亿立方米，比多年平均值高3.8%，比2016年减少了114%。其中，地表水资源量和地下水资源量分别为271463亿立方米和8309.6亿立方米，二者的不重复量为1014.9亿立方米。该年度，水资源总量占降水总量的45.7%，平均单位面积产水量为30.4万立方米/平方千米。

但整体来看，我国的水资源压力十分巨大。水资源压力的原因可归纳为资源性缺水、工程性缺水与水质性缺水三大类，除资源性缺水是自然原因导致的外，其他两个均是人为原因导致的。

北方资源性缺水。我国北方的天然水资源量原本就较少，加之自然环境因素与人类高强度的开发与利用，使该区域的水资源进一步减少。

南方水质性缺水。南方地区天然水资源量丰富，但由于该区域人口集中，社会经济活动强度较大，对水资源的污染严重，致使水资源有效利用率降低，很多水资源无法正常使用，进而造成了缺水的局面。

中西部工程性缺水。我国地域辽阔，横跨几个气候带，且受大陆性季风气候影响，降水量在时间和空间上分布极为不均衡，年内和年际差距很大。为解决这一问题，通常多采用水利工程措施来进行调节。但这类工程投资额度很大，投资回报率较低且周期长，因而难以吸引市场资金投入其中，尤其是在缺水的中部地区和西部地区，这种由工程滞后所造成的工程性缺水十分普遍。

目前，我国水资源短缺的现状对各个领域均造成了不利影响，特别是农业缺水、城市缺水及生态环境缺水在我国尤为突出。

我国作为一个传统的农业大国，农业用水消耗十分巨大，占据了我国用水总量的大部分。但即使如此，我国的有效灌溉面积约占全国耕地面积的 51.2%，还有近一半耕地得不到有效灌溉，其中北方未得到有效灌溉的耕地高达 72%，河北、山东和河南几个省份水资源短缺最为严重；西北地区的缺水问题则更加突出，该区域大部分地区是黄土高原，地质地貌类型特殊，地广人稀，发展农业灌溉难度较大；而在宁夏和内蒙古一带的沿黄灌区以及汉中盆地和河西走廊也迫切需要扩大农田灌溉面积。特别是城镇化及工业化飞速发展的 21 世纪，工业用水和城市生活用水量日益增加，农业用水短缺的情况将更加严峻。

城市人口众多，工业和商业密集，水资源的消耗量巨大。据统计，在中国的 668 个城市中，约有 400 个城市处于缺水的情况，其中 108 个城市处于严重缺水的状态。特别是在水资源本身就匮乏的西北地区，城市水资源短缺问题十分严重，而水量丰富的南方城市也面临着水质性缺水的困境。

生态环境缺水问题在我国亦十分严重，不仅对人们的生产生活产生了不良影响，更是对区域生态环境安全构成了严重威胁。第五次全国荒漠化和沙化监测结果显示，截至 2014 年，全国荒漠化土地面积达 261.16 万平方千米，占国土面积的 27.2%，其中沙化土地面积为 172.12 万平方千米，占国土面积的 17.9%。此外，由于近年来对地下水的过度开采利用，致使我国北方黄淮海地区地下水位呈下降趋势，地下水漏斗深度和漏斗中心水位埋深不断增加。河北、河南豫北地区和山东西北地区的地下水降落严重，形成了一个面积超过 4 万平方千米的地下水漏斗区，包含北京和天津在内。据有关专家预测，我国生态环境用水总量十分巨大，按目前的情况至少还有 110 多亿立方米的缺口，且主要分布在黄淮海流域和内陆河流域。生态环境的治理与建设，水是关键因素，而缺水势必会加剧生态环境的恶化，进而制约我国的生态文明建设。

（2）水污染。据《2017 中国生态环境状况公报》显示，2017 年，全国地表水 1940 个水质断面（点位）中，Ⅰ~Ⅲ类水质断面（点位）1317 个，占 67.9%；Ⅳ类、Ⅴ类 462 个，占 23.8%；劣Ⅴ类 161 个，占 8.3%。与 2016 年相比，Ⅰ~Ⅲ类水质断面（点位）比例上升了 0.1 个百分点，劣Ⅴ类水质断面则下降了 0.3 个百分点。

1）流域。由表 3-1 可见，2017 年，长江、黄河、珠江、松花江、淮河、海河、辽河七大流域和浙闽片河流、西北诸河、西南诸河的 1617 个水质断面中，Ⅱ类水质断面最多，达到了 594 个，其次是Ⅲ类水质断面，有

532个，而Ⅰ类水质断面和Ⅴ类水质断面则较少，水质整体情况良好。与2016年相比，Ⅰ类水质断面比例上升0.1个百分点，Ⅱ类下降5.1个百分点，Ⅲ类上升5.6个百分点，Ⅳ类上升1.2个百分点，Ⅴ类下降1.1个百分点，劣Ⅴ类下降0.7个百分点。西北诸河和西南诸河水质为优，浙闽片河流、长江和珠江流域水质为良好，黄河、松花江、淮河和辽河流域为轻度污染，海河流域为中度污染。

表3-1　2017年我国七大流域水质状况

水质类别	Ⅰ类	Ⅱ类	Ⅲ类	Ⅳ类	Ⅴ类	劣Ⅴ类
断面个数（个）	35	594	532	236	84	136
所占比例（%）	2.2	36.7	32.9	14.6	5.2	8.4

黄河流域主要污染指标为化学需氧量、氨氮和总磷，在137个水质断面中，Ⅰ类水质断面占1.5%，Ⅱ类占29.2%，Ⅲ类占27.0%，Ⅳ类占16.1%，Ⅴ类占10.2%，劣Ⅴ类占16.1%。与2016年相比，Ⅰ类、Ⅱ类和Ⅳ类水质断面比例均有所下降，下降比例分别为0.7个百分点、2.9个百分点和4.3个百分点，而Ⅲ类、Ⅴ类和劣Ⅴ类则均有所上升，上升比例分别为2.2个百分点、3.6个百分点和2.2个百分点。特别是黄河主要支流为中度污染，在106个水质断面中，无Ⅰ类水质断面，Ⅱ～劣Ⅴ类水质断面占比分别为20.8%、25.5%、19.8%、13.2%和20.8%。与2016年相比，Ⅰ类、Ⅱ类和Ⅳ类水质断面比例分别下降了0.9个百分点、1.8个百分点和4.7个百分点，Ⅴ类和劣Ⅴ类水质断面比例分别上升了4.7个百分点和2.9个百分点，Ⅲ类水则持平。

松花江流域为轻度污染，主要污染指标为化学需氧量、高锰酸盐指数和氨氮。在其108个水质断面中，无Ⅰ类水质断面，Ⅱ～劣Ⅴ类水质断面占比分别为14.8%、53.7%、25.0%、0.9%和5.6%。与2016年相比，Ⅱ类和Ⅲ类水质断面比例分别上升了0.9个百分点和7.4个百分点，而Ⅳ类、Ⅴ类和劣Ⅴ类分别下降了4.6个百分点、2.8个百分点和0.9个百分点，水质较之前有所改善。

淮河流域为轻度污染，主要污染指标为化学需氧量、总磷和氟化物。在180个水质断面中，无Ⅰ类水质断面，Ⅱ～劣Ⅴ类水质断面占比分别为 6.7%、39.4%、36.7%、8.9%和 8.3%。与 2016 年相比，Ⅰ类水质断面比例持平，Ⅱ类和Ⅲ类则分别下降了 0.5 个百分点和 6.7 个百分点。

海河流域为中度污染，主要污染指标为化学需氧量、五日生化需氧量和总磷。在 161 个水质断面中，Ⅰ～劣Ⅴ类水质断面占比分别为 1.9%、20.5%、19.3%、13.0%、12.4%和 32.9%。与 2016 年相比，Ⅱ类和Ⅲ类水质断面比例分别上升了 1.2 个百分点和 3.2 个百分点，Ⅴ类也上升 3.7 个百分点，而劣Ⅴ类下降 8.1 个百分点，其他类均持平，水质较之前有所改善。

辽河流域为轻度污染，主要污染指标为总磷、化学需氧量和五日生化需氧量。106 个水质断面中，Ⅰ～劣Ⅴ类水质断面占比分别为 2.8%、23.6%、22.6%、24.5%、7.5%和 18.9%。与 2016 年相比，Ⅰ类、Ⅲ类、Ⅳ类和劣Ⅴ类水质断面比例分别上升了 0.9 百分点、10.3 个百分点、1.9 个百分点和 3.8 个百分点，而Ⅱ类和Ⅴ类分别下降了 7.5 个百分点和 9.5 个百分点。

2）湖泊。由表 3-2 可知，2017 年，在我国的 112 个重要湖泊（水库）中，只有 6 个湖泊（水库）的水质达到了Ⅰ类，仅占总数的 5.4%；水质为Ⅱ类、Ⅲ类和Ⅳ类的湖泊（水库）相对较多，劣Ⅴ类有 12 个，占 10.7%。主要污染指标为总磷、化学需氧量和高锰酸盐指数。在对 109 个湖泊（水库）的营养状态进行监测时发现，中营养和贫营养的湖泊（水库）个数分别为 67 个和 9 个，而轻度富营养和中度富营养的湖泊（水库）个数分别为 29 个和 4 个。

表 3-2　2017 年我国湖泊水质状况

水质类别	Ⅰ类	Ⅱ类	Ⅲ类	Ⅳ类	Ⅴ类	劣Ⅴ类
断面个数（个）	6	27	37	22	8	12
所占比例（%）	5.4	24.1	33.0	19.6	7.1	10.7

太湖湖体为轻度污染，主要污染指标为总磷。17 个水质点位中，Ⅲ类、Ⅳ类和Ⅴ类水质点位分别为 2 个、9 个和 6 个，占比分别为 11.8%、52.9%和 35.3%；无Ⅰ类、Ⅱ类和劣Ⅴ类。与 2016 年相比，Ⅲ类和Ⅳ类水质点位比例分别下降了 11.7 个百分点和 17.7 个百分点，而Ⅴ类则上升了

29.4个百分点，其他类均持平。全湖处于轻度富营养状态。

巢湖湖体为中度污染，主要污染指标为总磷。8个水质点位中，Ⅳ类和Ⅴ类水质点位分别为3个和5个，占比分别为37.5%和62.5%；无Ⅰ类、Ⅱ类、Ⅲ类和劣Ⅴ类。与2016年相比，Ⅳ类水质点位比例下降了25.0个百分点，Ⅴ类水质点位比例则上升25.0个百分点，其他类均持平。全湖处于轻度富营养状态。

3）地下水。2017年，以地下水含水系统为单元，以潜水为主的浅层地下水和承压水为主的中深层地下水为对象，原国土资源部对全国31个省（区、市）223个地市级行政区的5100个监测点（其中国家级监测点1000个）进行了地下水水质监测评价。结果显示：水质为优良级、良好级、较好级、较差级和极差级的监测点分别占8.8%、23.1%、1.5%、51.8%和14.8%。主要超标指标为总硬度、锰、铁、溶解性总固体、"三氮"（亚硝酸盐氮、氨氮和硝酸盐氮）、硫酸盐、氟化物、氯化物等，而且个别监测点还存在着重（类）金属超标现象，主要是砷、六价铬、铅、汞等，主要污染指标除总硬度、溶解性总固体、锰、铁和氟化物可能因为水文地质化学背景值偏高外，"三氮"污染情况较为严重，部分区域还存在着重金属和有毒有机物污染的情况。

4）全国地级及以上城市集中式饮用水水源。2017年，在我国的338个地级及以上城市898个重点水利工程集中式生活饮用水水源监测断面（点位）中，有813个全年均达标，占90.5%。其中地表水水源监测断面（点位）有569个，全年均达标的断面（点位）有533个，占93.7%，主要超标指标为硫酸盐、铁和总磷；地下水水源监测断面（点位）有329个，全年均达标的断面（点位）有280个，占85.1%，主要超标指标为锰、铁和氨氮。

水环境与人们的生产生活息息相关，水质的优劣直接关系着人们的身体健康与社会经济的可持续发展。当前，我国整体水环境现状堪忧，存在着水资源短缺、水污染及水源倒退等诸多问题。部分地区水质差，水生生态系统破坏严重，生态风险较大，水环境隐患多，都严重威胁着人民群众的身体健康，不利于经济社会的可持续发展。为有效加强水污染防治，确保国家水安全，2015年2月，中央政治局常委会审议通过了"水污染防治行动计划"，并于2015年4月2日成文，当年4月16日发布并实施。该计划提出，到2020年，长江、黄河、珠江、松花江、淮河、海河和辽河七个重点流域要全面改善流域水质，使水质优良（达到或优于Ⅲ类）比例总体达到 70%以上，地级及以上城市建成区黑臭水体均控制在 10%以下；到 2030 年，全国七个主要流域的优良比例要达到 75%以上，城市建成区的黑臭水体将被消除；城市集中式饮用水水源水质达到或优于Ⅲ类比例总体要达到 95%左右。

（三）土壤环境

1. 概述

土壤是地球表层上的一层松散物质。其由被岩石风化的矿物、动植物、微生物残渣分解产生的有机物、土壤生物（固相物质）、水（液相物质）和空气（气相物质）以及氧化的腐殖质等组成。在地球的几个圈层中，土壤圈占据的空间位置是其他几个圈层（岩石圈、水圈、大气圈和生物圈）相互交汇的区域，它是连接有机和无机世界的中心环节。土壤环境对人类的行业生产意义重大，它可以直接决定农业的生产方式、作物种类及产量等。

当前，我国土壤环境问题主要集中在土地退化及土壤污染等方面。土地退化会降低土地生产力，致使人口被迫迁移，危及粮食安全，破坏基本资源和生态系统，以及由于栖息地的生境变化或破坏而导致生物多样性的丧失。

土壤污染后，土壤中的污染物会通过食物链的迁移转化最终进入人体，进而对人类的身体健康造成危害。各种土壤生物（主要是绿色植物）可以直接吸收受污染土壤中的有害物质，而人类的主要食物来源均直接或间接地来自土壤，各类污染物在土壤中不断地富集，最终将危害人体的健康。此外，有的被污染的土地具有放射性的危害，对身体健康和其他生物的生存造成了严重的不良影响。如在发生核泄漏或核试验的区域，被污染的土壤被迫长期闲置。在生态环境效应方面，土地污染将导致土壤性质恶化，致使土壤的结构与功能发生改变，从而降低土壤生产力，使植物生物量或种类减少，生物多样性降低。同时，土壤污染还可能引发一系列的次生环境问题，如大气污染、水污染及人畜疾病等，威胁生态安全和生命健康。

2. 现状

截至 2016 年底，全国共有农用地 64512. 66 万公顷，其中耕地、园地、林地、牧草地面积分别为 13492. 10 万公顷、1426. 63 万公顷、25290. 81 万公顷、21935.92 万公顷；建设用地 3909.51 万公顷，包括城镇村及工矿用地 3179.47 万公顷。目前，全国耕地平均质量等级为 5.09。其中，耕地为 1~3 等的面积为 5.55 亿亩，占耕地总面积的 27.4%；耕地为 4~6 等的面积为 9.12 亿亩，占耕地总面积的 45.0%；耕地为 7~10 等的面积为 5.59 亿亩，占耕地总面积的 27.6%。

第一次全国水利普查显示，我国现有土壤侵蚀总面积达 294.9 万平方千米，占普查范围总面积的 31.1%。其中，水力侵蚀和风力侵蚀的面积分别为 129.3 万平方千米和 165.6 万平方千米。2017 年，我国新增了 5.9 万平方千米水土流失综合治理区。第五次全国荒漠化和沙化监测结果显示，截至 2014 年，全国荒漠化土地和沙化土地面积分别为 261.16 万平方千米和 172.12 万平方千米。

2005 年 4 月至 2013 年 12 月，我国进行了首次全国土壤污染状况调查行动。调查范围为中华人民共和国境内（未含香港特别行政区、澳门特别行政区和台湾地区）的陆地国土，调查样本点包含了我国的全部耕地，部分林地、草地、未利用地和建设用地，实际调查面积约 630 万平方千米。此次调查采用统一的方法与标准，对我国当前土壤环境质量的总体状况进行了一次系统的摸底调查。最终调查结果显示，我国的土壤环境状况总体较差，耕地土壤环境堪忧，部分地区土壤污染较为严重，工矿业废弃地土壤环境问题突出。土壤污染或超标的原因主要是自然背景高、工业化发展、矿石能源的开采与利用和农牧业生产等。

调查结果显示，全国土壤总的点位超标率为 16.1%，其中轻微、轻度、中度和重度污染点位占比依次是 11.2%、2.3%、1.5%和 1.1%。土壤污染以无机型污染为主，其次是有机型污染，而复合型污染所占比重较小，其中无机污染物超标点位数最多，占全部超标点位的 82.8%。

根据此次调查的点位分布情况来看，我国南方的土壤污染比北方严重；人口稠密、社会经济发达区域的土壤污染问题更为突出，如长江三角洲、珠江三角洲和东北老工业基地等；西南地区与中南地区的土壤重金属超标范围较大；镉、汞、砷、铅四种无机污染物含量在不同的区域呈现出不同的分布特点，分别由西北至东南、由东北至西南呈逐渐升高的趋势。

耕地对一个国家或地区的意义重大，由表 3-3 可见，我国耕地的土壤点位超标率为 19.4%，其中轻微污染点位最多，比例为 13.7%；其次是轻度污染，比例为 2.8%。镉、镍、铜、砷、汞、铅、滴滴涕和多环芳烃等为耕地的主要污染物。林地的土壤点位超标率为 10.0%，轻微污染点位最多，比例为 5.9%；轻度、中度和重度所占比例相近。砷、镉、六六六和滴滴涕为林地的主要污染物。草地的土壤点位超标率为 10.4%，其中轻微污染点位占比最高，为 7.6%；其次是轻度污染。镍、镉和砷为草地的主要污染物。未利用地的土壤点位超标率为 11.4%，其中轻微污染点位也最多，所占比例为 8.4%；轻度、中度和重度占比相近。镍和镉是未利用地的主要污染物。

表 3-3　我国土壤污染状况　　单位:%

土地类型＼污染程度	轻微污染	轻度污染	中度污染	重度污染
耕地	13.7	2.8	1.8	1.1
林地	5.9	1.6	1.2	1.3
草地	7.6	1.2	0.9	0.7
未利用地	8.4	1.1	0.9	1.0

典型地块及其周边地区土壤污染状况调查表明（见表 3-4），在对 690 家重污染企业用地及周边的 5846 个土壤点位的调查中，超标点位占总点位的比例为 36.3%，主要涉及金属冶炼、金属制品、石油化工以及皮革制造等多个行业；在对 81 块工业废弃地的 775 个土壤点位的调查中，超标点位占总点位的比例为 34.9%，主要涉及冶金化工及矿业等行业；在对 146 家工业园区的 2523 个土壤点位的调查中，超标点位占总点位的比例为 29.4%；在对 188 处固体废物处理处置场地的 1351 个土壤点位的调查中，超标点位占总点位的比例为 21.3%；在对 13 个采油区的 494 个土壤点位的调查中，超标点位占总点位的比例为 23.6%；在对 70 个矿区的 1672 个土壤点位的调查中，超标点位占总点位的比例为 33.4%；在对 55 个污水灌溉区的调查中，存在不同程度污染的有 39 个，在 1378 个土壤点位中，超标点位占 26.4%；在对 267 条干线公路两侧的 1578 个土壤点位的调查中，超标点位占总点位的比例为 20.3%，并主要分布于公路两侧 150 米的范围内。

表 3-4　典型地块及其周边地区土壤污染状况

样地	点位占比（%）	主要企业或污染物
重污染企业	36.3	金属冶炼、金属制品、石油化工、皮革制造等
工业废弃地	34.9	锌、汞、铅、铬、砷和多环芳烃
工业园区	29.4	镉、铅、铜、砷和锌
固废处理处置场地	21.3	以无机型污染为主
采油区	23.6	石油烃和多环芳烃
矿区	33.4	镉、铅、砷和多环芳烃
污水灌溉区	26.4	镉、砷和多环芳烃
干线公路	20.3	铅、锌、砷和多环芳烃

针对当前我国土壤污染的严峻形势，党中央、国务院高度重视土壤环境保护与污染治理，中央领导多次做出重要指示和批示。各地区和各部门也在积极探索和实施土壤环境保护和污染控制。然而，由于长期以来我国粗放式的经济发展方式，加之不合理的产业结构与布局，污染物排放总量一直居高不下，土壤污染在部分地区十分突出，对该区域的农产品质量安全和人体健康造成了严重威胁。面对严峻的土壤环境现状，加强土壤环境保护和污染控制仍然是未来亟须解决的环境问题之一。

（四）生物环境

1. 概述

生物环境是地球上除人以外的所有生物的总和，是地球上所有生物构成的整个地球生命支持系统，是人类生存和发展的物质基础，是人类生命支撑系统的重要组成部分。人类的各种活动对生物环境也产生了深远影响，如生物多样性的减少、生物安全及生物污染等。

生物多样性减少带来的后果非常严重。自然系统中的生物多样性为地球上的生命物质奠定了基础，包括人类生存的基础。人类无论是衣食住行还是生产活动都离不开生物环境。因此，生物环境的破坏，势必会对人类社会和自然环境产生巨大的影响和危害。会影响未来的食物来源和工农业资源，并使土壤肥力以及水质遭到破坏。

目前，与人类生物安全有关的主要热点问题主要包括食品安全和转基因问题。

食品安全问题一直被世界各国高度关注。所谓的食品安全是确保食品消费对人体健康没有直接或潜在的不良影响。在食品卫生学所界定的安全营养促进人体健康三项指标中，食品安全排在首位。而食品污染是指食品受到对人体健康有害物质的侵袭，导致食品安全、营养价值和感官特性发生变化的过程。食品安全的威胁主要源自食品污染，与其他污染相比，食物会被人直接摄入体内，一旦食物污染则会对人体健康产生不良影响甚至危及生命。由食物污染所引发的疾病称为食源性疾患，是指通过食物摄入进入人体的有毒有害物质（包括生物病原体）引起的疾病，包括感染性疾病、中毒危害与潜在危害，如食物中毒、肠道传染病、人畜共患传染病、寄生虫病、对人体的慢性毒性以及致癌、致畸与致突变等。污染物进入生物体后，一些污染物被代谢成无毒物质，并通过生物体内的新陈代谢排出。污染物对生物体造成的损害总和称为毒性效应或毒性作用，污染物对生物体的毒性作用可发生在不同水平之上，包括分子、细胞、组织、器官和个体。污染物对生物体的毒性主要体现在对机体健康的损害，对胚胎的影响（死亡、生长缓慢、畸形等）和对遗传物质的影响。

现有相关研究发现，我国的食品安全问题主要有以下几个特征：一是问题食品越来越多，人们的身体健康受到了严重威胁。过去我国的食品安全问题主要集中在米面、粮油、肉类、蛋奶等中，而如今问题食品涉及面越来越广，除以往的问题食品外，酒水、干货、乳制品和炒货等也开始出现问题。二是食品出现的问题不再局限于过期与变质，细菌总数超标及农药、化肥、化学药品残留超标等新问题频繁发生，其危害程度越来越严重，人们的身体健康和生命安全受到了严重威胁，此外，还有一些食品生产、加工商为牟取经济利益，违法生产与加工各种有毒有害的食品。总之，我国的食品安全问题十分严峻。

随着现代生物技术的发展，人类可以通过科技手段创造出物种的新性状甚至新物种，原始基因甚至是人工合成的基因可以在各类生物体之间相互转移，自然界物种的原有的生殖屏障被打破，生物长期进化繁衍的自然规律被改变。不可否认，转基因技术确实为人类带来了一定的福祉，但我们也要明白一点，自然界中还有很多人类未知的领域，我们并没有完全了解自然环境，这种打破自然规律的行为往往伴随着高风险。如转基因可能会形成超级病毒和超级杂草，进而对人类社会和生态环境产生严重危害；原有的天然基因被污染；还可以使人体产生抗药性甚至致病，营养结构失衡，甚至还可以被用于基因武器。

2. 现状

《2017 中国生态环境状况公报》显示，我国生态系统的多样性特征十分显著，地球陆地生态系统的各种类型在我国均有分布，其中森林类型 212 类、竹林 36 类、灌丛 113 类、草甸 77 类、荒漠 52 类。淡水生态系统繁杂多样，天然湿地有沼泽湿地、近海与海岸湿地、河滨湿地及湖泊湿地四大类。此外还有许多人工生态系统，如农田、人工湖泊、人工林、人工湿地、人工草地、城市和乡村等。在物种多样性方面，已知物种及种下单元数 92301 种。其中，动物界 38631 种、植物界 44041 种、细菌界 469 种、色素界 2239 种、真菌界 4273 种、原生动物界 1843 种、病毒 805 种。珍稀濒危物种十分丰富，其中被列入国家重点保护名录的野生动物有 420 种，且特有种繁多，大熊猫、朱鹮、金丝猴、华南虎及扬子鳄等是我国的特有物种。在遗传资源多样性方面，种质资源非常丰富，我国现有栽培作物共 528 类 1339 个栽培种，经济树种有 1000 多种，家养动物共计 576 个品种，原产我国的观赏植物种类高达 7000 种。

对我国 34450 种高等植物受威胁程度进行评估，结果显示有 3767 种高等植物受到了不同程度的威胁，占评估物种总数的 10.9%；有 2723 种高等植物属于近危等级（NT）；有 3612 种属于数据缺乏等级（DD）；10102 种高等植物需重点保护，占评估物种总数的 29.3%。在对 4357 种已知脊椎动物（除海洋鱼类）受威胁状况的评估中，有 932 种脊椎动物受到了不同程度的威胁，约占评估物种总数的 21.4%；属于近危等级（NT）的有 598 种；属于数据缺乏等级（DD）的有 941 种；此外，有 2471 种脊椎动物需重点保护，占评估物种总数的 56.7%。

（五）物理环境

1. 概述

物理环境作为自然环境的重要组成部分，包含天然物理环境和人工物理环境。天然物理环境由自然声环境、振动环境、电磁环境、辐射环境、光环境和热环境等构成；人工物理环境由人工因素形成的人工噪声环境、振动环境、电磁环境、辐射环境、光环境和热环境等构成。当前，我国的物理环境问题主要集中在声环境方面，尤其是噪声污染。

（1）对人体的生理产生非常严重的影响。长期生活在嘈杂的环境中可能导致耳聋，相关研究发现，噪声还可以引起消化系统疾病和神经衰弱，引起肠道炎症和失眠、疲劳、头晕、头痛和记忆力减退的症状；强烈的噪声会刺激耳腔的前庭器官，引起头晕、恶心和呕吐；如果噪声超过140dB，则会引起全身血管收缩，血液供应减少，语言能力受到影响。实验表明，噪声还会影响人的视力。当噪声强度达到90dB时，人体视觉细胞的灵敏度降低，识别弱光的响应时间延长；长时间处于嘈杂环境中的人容易产生视觉疲劳、疼痛和流泪等眼睛损伤的情况。

（2）对儿童的身心健康产生危害。由于儿童的发育尚未成熟，所有组织和器官都非常脆弱，因此更容易出现噪声损害听觉器官的现象，导致听力减弱甚至丧失。长时间暴露于噪声中的儿童比安静环境中的儿童血压要高一些，智力发育也会出现滞后。研究发现，长期处于嘈杂环境中的儿童比处于安静环境中的儿童的智力要低20。

（3）对人的心理影响。噪声对人的心理影响也十分明显，可使人烦躁、冲动、易怒，甚至失去理智。噪声也容易使人产生疲劳感。

（4）对孕妇和胎儿的影响。国内外的医学科研人员做了许多研究，证明强烈的噪声对孕妇和胎儿都会产生诸多不良后果，致使胎儿出现发育迟缓、胎心不稳等情况。

（5）对生产活动的影响。在嘈杂的环境中，人们容易注意力不集中，容易疲劳，反应迟钝，工作效率降低，易出现失误，甚至发生工伤事故。

（6）对动物的影响。噪声对动物的影响包括损害听觉器官，损伤内脏器官和中枢神经系统。

（7）对物质结构的影响。据实验，在168dB无规则噪声的环境中，一块0.6毫米的铝板只需15分钟就会断裂。150dB以上的强噪声可使墙壁开裂、门窗损害，甚至可以使旧建筑物和烟囱倒塌。强噪声还可以使精密仪器失灵。

2. 现状

《2017中国生态环境状况公报》显示，2017年，对323个地级及以上城市的55823个点位进行区域昼间声环境监测，结果表明，等效声级平均值为53.9 dB（A）。19个城市评价等级为一级，占5.9%；210个城市为二级，占65.0%；90个城市为三级，占27.9%；3个城市为四级，占0.9%；1个城市为五级，占0.3% 。

针对 324 个地级及以上城市的 21115 个点位进行道路交通昼间声环境监测，结果表明，等效声级平均值为 67.1 dB（A）。213 个城市评价等级为一级，占 65.7%；90 个城市为二级，占 27.8%；19 个城市为三级，占 5.9%；1 个城市为四级，占 0.3%；1 个城市为五级，占 0.3% 。

针对 311 个地级及以上城市的 21838 个点次进行功能区声环境的监测结果表明，各类功能区昼间和夜间的总达标点次分别为 10041 个和 8075 个，相应的达标率分别为 92.0%和 74.0%。

当前，我国噪声主要来源于交通运输、工业生产、日常生活和建筑施工。2017 年，各级环保部门共受理环境噪声投诉 55 万起（占环境投诉总数的 42.9%），办结率为 99.7 %。其中，工业噪声投诉占 10.0 %，建筑施工噪声和社会生活噪声类投诉最多，占比分别为 46.1 %和 39.7 %，交通运输类噪声投诉最少，占 4.2 %。

（1）交通运输噪声。几乎所有的交通运输工具，如小轿车、卡车、电车、客车、火车、拖拉机、摩托车、轮船和飞机等，在行驶期间都会发出各种噪声，如喇叭声、鸣笛声、制动声和排气声等。而且交通运输工具行驶速度越快，其发出的噪声就越大。这种噪声源具有流动性，属于流动污染源，影响范围广泛，影响人数较多。如今，城市区域的机动车数量迅速增加，交通噪声已成为城市的主要噪声来源。

（2）工业生产噪声。工业生产必须要使用大量的机械和动力装置，而这些机械装置在运行过程中，一部分被消耗的能量以声能的形式散发出来，进而形成了噪声。

工业噪声包括由空气振动产生的空气动力噪声，如由风扇、鼓风机、空气压缩机和锅炉排气等产生的噪声。还包括固体振动而产生的机械噪声，如织机、球磨机、破碎机、链锯和车床等产生的噪声。还存在由电磁力产生的电磁噪声，如由发动机和变压器产生的噪声。工业噪声通常具有高声级，并且具有较长的连续时间。此外，工业噪声是职业性耳聋的主要原因。

（3）社会生活噪声。由于商业活动、儿童在户外玩耍、使用各种家用电器（特别是各种音响设备）、娱乐场所和广场舞等，城市居民区内的噪声源类型和噪声强度都有所增加。当前，我国社会生活噪声约占城市噪声的 50%，并且呈逐渐上升趋势。

（4）施工噪声。建筑工地常常要用到各种各样的机械设备和工程车辆，如建筑施工中用到的打桩机、推土机、挖掘机产生的噪声常在80dB以上，对周边居民的影响很大。如今，随着我国城市化进程的加快，城市建设日新月异，很多城市都在大兴土木，因此城市区域的建筑施工噪声污染也十分严重。

二、不同区域存在的环境问题

不同的区域在经济水平、产业结构、人口因素及环境政策等方面不尽相同，进而环境问题也具有地域性特征。

（一）城市环境

作为人类发展历程中经济社会活动的必然产物，城市是人类最大的聚落单元，是人类社会在自然视角下生态演替的必定结果，是人类文明集成的重要地域单元和物质财富聚集的最主要分布区域，是一定时空范畴内，以人为中心、为主体的人工复合特殊生态系统。城市环境由自然环境和人工环境两部分组成，它一方面要面临自然环境所带来的灾害，另一方面还要面临人工环境所带来的影响。

改革开放的40年，是我国社会经济飞速发展的40年，也是我国城镇化建设快速推进的40年。据我国住房和城乡建设部统计，截至2017年，我国共有661个城市。2011~2017年，城市建设面积由41805.3平方千米上升至55155.5平方千米，增加了31.9%；城市人口由35425.6万人增加至40975.7万人，增加了15.7%；城市维护建设资金支出由2008年的50083394万元增加至2016年的138326496万元，增加了176.2%。2008~2017年，我国建成轨道交通的城市个数由10个增加至32个，增加了220%；全国建成轨道交通线路长度由855千米增加至4594.26千米，增加了447.7%；正在建设轨道交通的城市个数由28个增加至了50个，增加了78.6%；正在建设轨道交通线路长度由1991.36千米增加至4913.56千米，增加了146.7%；全国人均城市道路面积由12.2平方米增加至16.05平方米，增加了31.6%；全国污水的排放量由3648782万立方米增加至4923895万立方米，增加了34.9%；全国污水处理厂由1018座增加至2209座，增加了117%。可以看出，近年来，我国城市化进程迅速推进，城市人口不断增加，城市不断向外围扩展，基础设施建设投入不断上升。然而，伴随着城市化和工业化的发展，城市环境问题也逐渐凸显。尤其是大气污染、水资源短缺及固废垃圾处理等问题十分突出。

（1）在大气环境污染方面。城市是工业最为集中和交通最为密集的区域，汽车尾气和工业废气的大量排放对城市区域的大气环境造成了严重污染，致使光化学烟雾、雾霾天气和酸雨沉降等灾害性事件时有发生，这不仅直接威胁着城镇居民的身心健康，还会对社会的健康发展与和谐稳定造成不良影响。此外，随着我国新型城镇化建设的进一步推进，城市建设速度加快，大兴土木现象十分普遍，开挖、施工、拆迁工地数量明显增多，加之城市区域存在的未开发利用的裸露地面及周边自然环境的恶化等，扬尘污染日益增多。

（2）在水资源短缺方面。我国是一个水资源短缺的国家，特别是在广大的西部地区。该区域的城市大多处于干旱、半干旱地带，气候要素加之城镇化的快速发展，致使水资源短缺问题日益严峻。区域发展面临着水资源严重匮乏的自然资源瓶颈，再加上在城镇化推进过程中，西部地区长期存在着对水资源无序利用和保护滞后的问题，加剧了水资源的短缺和水污染的现象，使得这一地区要同时面临资源性缺水和水质性缺水的问题，导致水资源的供求矛盾日渐突出，城镇饮水安全无法保障，进而制约了区域经济和城镇化的持续发展，阻碍了人们生活水平的提高，并严重影响着城镇居民的身体健康。虽然中东部地区水资源相对丰富，但不合理的开发与利用，使得该区域的水资源短缺问题同样严重。

（3）在固废垃圾处理方面。当前，我国城镇的垃圾无害化处理能力有限、水平较低，固废垃圾循环利用率低，与发达国家的差距较大。对城镇生产生活中产生的工业固体废弃物、医疗废弃物、生活垃圾等无法及时地进行安全处理、处置，造成了严重的环境污染，导致城镇陷入“垃圾围城”“垃圾毒城”的困境，制约了城镇化的健康可持续发展。

（二）农村环境

作为一个传统的农业大国，我国的农业发展在国民经济中发挥着重要作用。作为国民经济发展的基础产业，农业及农村的可持续发展，是我国整体社会经济可持续发展的根本保证和优先领域，是其他产业发展的基础。

农村环境是以农村居民为中心的农村地区各类自然因素和转化的自然因素的综合。农村环境是农村居民生活、生产的最基本条件，农村居民与各类环境有相互依存的关系。而农村环境问题是农村居民从事农业、工业和其他生产过程中，以及日常生活中的各种实践活动对农村生态环境造成的破坏、污染现象。农村环境问题的产生不仅对农村居民的身心健康造成了严重的危害，还严重制约着农村地区的工农业生产的可持续发展。当前，我国农村环境问题也呈现出日益严峻的态势。

随着农业生产技术的不断进步，大量的农用化学物质如塑料薄膜、农药和化肥被用于现代农业生产过程中。一方面，这些农用化学品的使用确实大大方便了农业生产，并提高了农业经济效率。另一方面，它也造成了一系列环境问题，破坏了生态环境，降低了产品质量，危害了人体健康。据我国农业农村部统计，在 2000~2016 年的 17 年间，我国的农用塑料薄膜使用量从 133.5 万吨增加至 259 万吨，增加了 94%；地膜使用量从 72.2 万吨增加至 146.8 万吨，增加了 103.3%；农药使用量从 128 万吨增加至 175.4 万吨，增加了 37%；农用化肥施用量从 4146.4 万吨增加至 5984.1 万吨，增加了 44.3%（其中氮肥施用量从 2126.5 万吨增加至 2310.5 万吨，增加了 8.7%；磷肥从 690.5 万吨增加至 830 万吨，增加了 20.2%；钾肥从 376.5 万吨增加至 636.9 万吨，增加了 69.2%；复合肥从 917.9 万吨增加至 2207.1 万吨，增加了 140.5%）。与之相反，农业增加值占国内生产总值的比重由原来的 15.1%下降到了 10%。这些人为措施在带来农业的增产增收、使农民获得经济效益的同时，也对我国广大农村的耕地、水环境、大气环境等产生了严重的污染，与此同时，农产品的品质也受到了威胁，产品质量及安全问题频发。

此外，在我国农村地区，受传统种植方式和习惯的影响，在粮食收获结束后，农民往往要将小麦、玉米等的秸秆焚烧掉。这样做一方面省时省力，另一方面焚烧后的作物灰分可以提高土壤的肥力。然而，秸秆燃烧会释放出大量的烟雾，从而对大气环境造成严重污染。在某些区域，由燃烧秸秆引发的大气污染问题十分突出。与此同时，农村地区为提高自身的社会经济实力，除了发展农业生产以外，也在积极发展工业生产，并通过提供各种优惠条件来吸引外界的投资。如今大量企业开始进入农村地区，这些企业有的确实带动了地方经济的发展，而有的企业不仅没有为区域经济的发展做出贡献，甚至还对当地的生态环境造成了严重污染。

第二节　生态文明建设的需求性

一、生态文明

（一）生态的概念

生态一词，按字面意思可理解为生物的生存状态，是指生物在特定的自然环境下生存、繁衍的过程，也指生物生理方面的特性以及生物生存的生活习性。生态一词是古希腊语，原意为“住所”或“栖息地”，简单地说，生态就是所有生物的生存活动的状态以及各种生物与环境之间的联系。最开始，生态就是研究简单的个体，随着人类对自然的探索进一步深入，我们对于“生态”的研究范围也随之扩大，现在人们经常用“生态”来形容许多美好的事物，如一些健康的、美好的、易于人类积极向上的事物。生态学（oikologie）一词是1865年勒特（Reiter）合并两个希腊字logos（研究）和oikos（房屋、住所）构成的。德国生物学家海克尔（H. Haeckel）首次把生态学定义为“研究动物与有机及无机环境相互关系的科学”。日本的学者在1895年把ecology一词译为“生态学”，后经武汉大学张挺教授传播到了国内。

（二）生态文明的概念

生态文明是人类文明发展的一个新的阶段，是工业文明后的一种文明形态，生态文明阶段是人类、自然与社会之间和谐发展的一种状态。生态文明是人与自然、与人类、与社会之间的一种和谐发展共生并能够达到良性循环、全面发展的一种社会状态。从人与自然和谐发展的角度加上党的十八大对其的定义得出，生态文明是人类在保护和建设生态环境后取得的一种积极有效的物质成果的总和，它贯穿于各个领域以及社会建设发展的全过程，可以充分地反映社会的文明进步状态。2007年，党的十七大报告提出：“要建设生态文明消费模式。”“经天纬地”意为改造自然，属物质文明；“照临四方”意为驱走愚昧，属精神文明。在西方语言体系中，“文明”一词来源于古希腊“城邦”的代称。

（三）人类文明的概念

人类文化在不断发展，人类也在改造着世界，这一切都推动了文明的诞生，同时文明也象征着人类社会的飞速进步。在漫长的岁月中，人类文明经历了四个阶段，分别是原始文明阶段、农业文明阶段、工业文明阶段和生态文明阶段。

1. 原始文明时期依赖自然

人类文明的四个阶段中，唯一一个完全可以接受来自大自然的控制的阶段是原始文明时期。此时人类的生活完全靠“天意”，人类的吃穿用当然也是来自大自然的“恩赐”；人类平时主要的活动和最重要的生产劳动就是狩猎采集；这个时期最重要的发明是石器、弓箭和火。原始文明时期人类对大自然的开发和支配能力相当有限，因为此时人类的生活资料都是直接从大自然当中摄取的。

2. 农业文明时期改造自然

在人类的发展历程中，农业文明所占的时间相对较长，特别是中国的封建社会持续了近两千年，其发展水平世界领先。人类开始对大自然进行探索的阶段是在农业文明时期。此时人类开始了初步的开发（大概距今一万年前），从原始文明过渡到农业文明，开始出现了青铜器、铁器、陶器、文字、造纸和印刷术等科技成果。不同于原始文明时期，此时的人类不再依赖大自然，开始自己创造条件，使自身所需的物种得到生长、繁衍，因此农耕和畜牧是当时主要的生产活动方式。人类开始学会改造自然、利用自然，甚至扩大到蓄力、水力等可再生能源。劳动工具越来越先进，特别是铁器和农具的发明，使人类的劳动产品发生了巨大转变。从“赐予接受”到“主动索取”，人类的能力有了很大的提高，经济活动的方向也开始向生产力发展的方向转变。铁器的出现使人改变自然的能力产生了质的飞跃，为时一万年。在这一时期，人与自然的关系相对是和谐的，并未产生十分严重的环境问题，虽然人类在此时期对自然的干扰与影响比较大，并不断地向大自然索取各类资源，但是总体上并没有超出自然界可再生的范围，生态环境没有失去平衡。

3. 工业文明时期征服自然

18 世纪英国工业革命诞生的蒸汽机标志着人类步入了工业文明时代，工业文明对商品经济的发展产生了极大的推动作用，促进了社会的快速发展。从某种意义来讲，人类真正征服大自然的阶段就是工业文明时期。科技和社会生产力飞速发展，人类从农业文明时期发展到了工业文明时期。人类开始自称大自然的“征服者”，对其进行过度开发，导致了对环境的极度破坏，同时也对生态、资源和人口等造成了严重影响。特别是科学探索活动的分析和实验方法兴起，对大自然进行“审讯”与“拷问”，此时资本主义大国积极推进科技和教育的发展，但其发展重点表现在经济领域。工业文明的可持续发展活动主要表现为征服大自然的物质活动，蒸汽机、电动机、电脑和原子核反应堆，每一次科技革命都建立了“人化自然”的新丰碑，并将现代化发展到了各个领域，人类利用科学技术控制和改造大自然的时代就是工业文明时期。

4. 生态文明时期人与自然和谐相处

生态文明是一种实现了各种生物和谐共存的社会系统。生态文明是人类文明发展到新时期的一种产物，是人类与自然环境在知识、教育、科技等方面达到高度契合的一个文明状态，人类文明的任何发展都要以保护自然界为前提，因为自然界才是人类生存、发展的基石。要求人类必须要遵循以自然界为基石的前提，只有在生态基础上与自然界相互作用发展，人类的经济社会才能达到可持续发展的目标。所以说，人类与自然界之间的协同发展就是生态文明，生态文明是一个和谐发展的社会系统。由于自然界的可持续发展是一个较复杂的系统，它进一步发展的基础是要继承以前各类文明的一切积极因素，所以生态文明涵盖了人类以前的一切文明成果，它的发展理论与基础要优于工业文明时期，工业文明时期以牺牲环境为代价才获取了经济效益，也对生态文明时期人类发展起到了一定的教育作用，是人类文明发展道路上一次具有重大意义的变革。建设生态文明不仅要政府做功课，也要求广大社会群众积极参与，充分发挥自己的主观能动性，基于自身理性的调节控制能力来调节自身的行为，从各方面来严格要求自己等，为实现更好的生态文明做贡献。

（四）实施生态文明建设的需求性

（1）把生态文明建设放在突出地位，是缓解资源环境压力、破解我国经济社会发展面临资源环境瓶颈制约难题的迫切需要。

为全面贯彻党的十八大和十八届三中、四中、五中全会精神，深入贯彻习近平总书记系列重要讲话精神，落实绿色发展理念，根据《中共中央 国务院关于加快推进生态文明建设的意见》《生态文明体制改革总体方案》《国务院关于积极发挥新消费引领作用　加快培育形成新供给新动力的指导意见》等文件要求，促进绿色消费，加快生态文明建设，推动经济社会绿色发展，并提出我国人口众多，并且人口基数较大、资源禀赋不足、环境容量有限的现状。进入21世纪以来，我国社会各个领域发展迅速，经济发展取得了历史性的进步，人民生活水平不断提高，公众消费水平持续增长，消费拉动经济增长的效果较为明显、快速，这阶段中绿色消费等新型消费具有巨大发展空间和潜力。要全面贯彻党的十八大和十八届三中、四中、五中全会精神，深入贯彻习近平总书记系列重要讲话精神，按照绿色发展理念和社会主义核心价值观要求，加快推动消费向绿色转型。加强宣传教育，在全社会厚植崇尚勤俭节约的社会风尚，大力推动消费理念绿色化；规范消费行为，引导消费者自觉践行绿色消费，打造绿色消费主体；严格市场准入，增加生产和有效供给，推广绿色消费产品；完善政策体系，构建有利于促进绿色消费的长效机制，营造绿色消费环境。

（2）把生态文明建设放在突出地位，是满足人民群众对生态环境的愿望和诉求、实现中华民族世世代代永续发展的迫切需要。

党的十八大以来，我国生态环境水平连续向好，呈现出了稳定态势。但由于环境保护完全发力期限较短、地域和行业发展失衡、生态保护基本本领建设差异较大等因素，取得的效果并不理想。现在，我国环境文化建设正处于压力不断增加、负累前进的重点期，已步入供给更多高品质生态物品以充足人民日渐增多的生态环境要求的攻克期，也到了有条件、有力量处理生态环境突出难题的窗口期。我们坚定以习近平生态文明意识为武装，坚定打响污染防范攻克战，满足老百姓与日俱增的生态环境要求。生物文化建设是涉及炎黄子孙永续发展的根基政策。改革开放后特别是党的十八大以来，我国着重处理与物质社会发展相伴随的生物地域问题，生物文化建设取得了明显效果。

（3）把生态文明建设放在突出地位，是推进中国特色社会主义事业、促进人类生态文明进步的迫切需求。

党的十八大以来，习近平总书记围绕“为什么要建设社会主义生态文明、建设什么样的社会主义生态文明、如何建设社会主义生态文明”发表了一系列的重要讲话。详细地阐述了生态文明建设的需求以及决心。北京邮电大学副教授李全喜表示，这一系列重要讲话科学地回答了当代中国建设社会主义生态文明的终极价值取向、基本理念、基本思路、突破重点、制度保障、主体力量、国际合作等重大现实问题，是中国特色社会主义理论体系的重要组成部分。

在建设中国特色社会主义生态文明的征程中，习近平总书记反复强调，“绿水青山就是金山银山”。中国人民大学马克思主义学院教授张云飞认为，“绿水青山就是金山银山”不仅是社会主义生态文明建设任务的形象表达，而且也是马克思主义生态观的时代化、中国化和大众化。

党的十九大明确提出将美丽中国作为建设中国特色社会主义现代化强国的一大建设目标，并且写进了党章。报告还提出了“优美生态环境需要”的新理念。

(五) 生态文明建设在我国取得显著成效的主要原因

在改革开放初期，保护环境就是我国的一项基本国策，21 世纪初期，又将节约资源确立为基本国策。生态文明建设成为现阶段我国统筹推进“五位一体”总体布局和协调推进“四个全面”战略布局的一项重要内容，在党的十八大以后，党中央也在此基础上开展相关系列工作，大力推进生态环境保护。大众践行绿色发展的主动性及自觉性大大提高，生态文明制度体系建设和主体功能区建设等均在稳步推进，生态环境治理效果显著。全国范围内，化学需氧量、氮氧化物、二氧化硫、氨氮的排放量在 2015 年比 2010 年分别下降 12.9%、18.6%、18%、13%。与此同时，2015 年，全国森林覆盖率为 21.66%，与 2010 年相比增长了 1.3%。另外，2016 年 PM 2.5的浓度在京津冀、珠江三角洲、长江三角洲地区比 2013 年分别下降了 33%、31.3%、31.9%。总体来讲，这些成效的取得离不开以下几点原因：

1. 正确的指导思想

党的十八大以来，我国生态文明建设进入全面提速阶段，建设成效显著，其根本原因就在于以习近平生态文明思想为指导。这一思想深刻回答了要建设怎样的生态文明、为什么要建设生态文明、怎样建设生态文明的重大理论与实践的问题，深化了对自然规律、人类文明的发展规律、经济社会发展规律的认识。这一指导思想中关于坚持人与自然和谐共生、绿水青山就是金山银山、良好生态环境是最普惠名声福祉、山水林田湖草是生命共同体、共谋全球生态文明建设等重要内容，不仅是我国生态文明建设的行动指南和思想基础，同时又极大地丰富和发展了马克思主义生态观。

2. 科学合理的制度建设

制度设计科学与否、执行程度是否有效，这是生态文明建设的关键因素。一直以来，我国致力于产权清晰、多元参与、激励约束并重、系统完整的生态文明制度体系建设。对于生态文明建设，一直是将制度设为刚性约束和严禁触碰的高压线。2015 年印发的《关于加快推进生态文明建设意见》和《生态文明体制改革总体方案》成为推进生态文明建设、完善生态文明体制的行动指南。在长期的实践与探索中，自然资源资产产权制度、资源有偿使用和生态补偿制度、生态文明绩效评价考核和责任追究制度等逐步建立并完善。生态文明建设的科学基础与制度保障日渐坚实。

3. 坚实的法治后盾

严密的法制保障是推进生态文明建设的关键一环。党的十八大以来，法治建设成为了政府工作强调的一大重点，随后出台了《环境保护税法》《土壤环境保护法》等一系列与生态文明建设相关的法律法规，对《环境保护法》《环境影响评价法》《大气污染防治法》等相关法律进行了修订。生态文明建设的法律工具更加完备且尖锐。按日计罚、引咎辞职、行政拘留、公益诉讼等举措相继落实，为生态文明建设提供了严格法律保障。

（六）生态文明建设面临的问题与挑战

我国生态环境状况在党的十八大以后持续好转，并呈现出稳中向好的态势。但是，目前我国的环境保护还存在以下问题，如发展时间总体较短，区域发展、行业发展不充分且不平衡，环境保护相关的基础建设能力差异较大。以上几个原因决定了我国环境保护工作取得的成效尚不稳固，生态文明建设的挑战依旧严峻艰难。

从国土资源空间的开发与保护方面看，我国部分地区存在优质耕地和生态空间占用过多、环境承载力大大下降，以及环境污染、生态破坏等问题。导致这一结果的原因主要是无序开发、过度开发、分散开发。在这样的大背景下，尽管我国主要河流干流的水质在稳步改善中，但是仍有部分污染流域的治理效果不明显。还有一些地区将养殖农场建造在湿地自然保护区内，这也是生态环境污染难以改善的一个原因。

从资源总量管理与节约方面来看，部分地区存在能源结构、产业结构不合理，资源严重浪费且利用率不高的现象，尤其是自然资源及其产品价格偏低、社会成本高于生产开发成本、保护生态的回报难如人意等问题仍然存在。虽然我国的天然气、水电、风能、核能等清洁能源的消耗总量的比重在近几年不断上涨，但是，我国的能源结构还是以煤炭为主。

从资源有偿使用和生态补偿方面来看，我国某些地区在这方面的制度规范还不太完善。同时，不同程度的监管职能交叉、权责不对应、违法成本较低的问题仍然存在。例如，在危险废物的回收与后续处理上，仍然有部分单位和企业进行非法填埋与转移，这些都将是生态环境安全的潜在隐患。

从加强生态环境治理领导和管理方面来看，经济社会发展的绩效评价不够全面、责任落实不够有力。部分地区还出现了不同程度的环境保护形式主义、官僚主义。例如，中央环境保护督查发现有些地区的生态环境治理进程一直处于落后状态，“虚假整改”“表面整改”等问题频发。大体而言，我国经济社会可持续发展若想顺利进行，环境污染、生态破坏和资源紧缺等问题就亟待解决。

二、环境素养与生态文明

（一）环境问题

环境问题就是指周围环境在人类的生产生活等行为影响下，产生环境质量变化，并影响了人类正常的生产、生活、生命健康等。在改造自然环境和社会环境的过程中，自然环境依旧遵循固有规律持续变化，而社会环境受自然环境制约，同样有其固有的变化规律。

人类、环境两个主体始终相互影响、相互制约、相互作用，在这个过程中，产生了一系列环境问题。时至今日，全球变暖、酸雨、淡水资源危机、能源短缺、土地荒漠化、化学物品污染、臭氧层破坏等问题众多，已经严重威胁到人类的生存。

（二）环境问题与环境素养的联系

我国经济社会可持续发展和公众健康的发展完善与否，环境污染的治理效果是关键。目前，我国社会各界对环境污染、生态文明高度重视。环境与健康问题的改善，不能仅仅依靠某一个人、某一个组织的努力，而是需要整个国家与社会全体成员的共同努力、共同作为。从经济学角度来看，最符合成本效益原则且最具普惠性的措施就是发动全体公众的力量。

环境与健康素养详细来说就是指人们获取和理解环境与健康的基本知识，利用这些知识对共同的环境与健康问题做出正确的判断，建立科学的概念，并有能力采取行动保护环境和维护自己的健康。清楚了解安全、风险的基本概念的前提是理解、评估环境和健康问题，改变相关行为和生活方式，并获取环境和健康素养方面的相关技能。

（三）深入推进生态文明的建设

当前，我国生态文明的建设正处在一个负重前行、压力叠加的阶段，已经进入凭借提供更多的生态上的优质产品来满足人民群众日渐增加的优美生态环境需要的攻坚期，同时也正处于一个能处理好有关生态环境难题的窗口期。我们必须以习近平生态文明思想为指导，深入推进生态文明建设，坚定不移打好环境污染防治的攻坚战，来满足人民大众对优美生态环境的渴求。

加速建立生态文明的框架体系。建立生态文明框架，必须按照“保护优先、节约优先、自然恢复”的方针，加速建立健全以生态价值观点为指导的生态文化框架、以改善生态环境质量为中心的目标责任框架、以生态系统的环境风险有力防范和良性循环为要点的生态安全框架、以生态产业化和产业生态化为中心的生态经济框架、以有关治理的能力和体系现代化为保证的生态文明制度框架。借助快速建设生态文明系统，实现在2035年生态环境质量的根本性转好，使美丽中国的愿望变为现实；到21世纪中期，生态、精神、政治、社会、物质文明整体提高，全面塑造绿色生活和发展模式，实现人与大自然的共生，国家治理体系和能力现代化建设在生态领域全面落实，实现美丽中国的建成。

全方位推进绿色模式的发展。进一步推进生态文明建设，就要全方位推进绿色模式的发展，从根源抓，采取扎实有效的措施，构建出一个内生动力系统。以优化能源和经济结构为重点，完善区域流域产业方面的分布方式，优化在国土空间开发方面的布局，使得有关清洁生产和能源、节能环保的产业得以扩大。推动资源能源的循环再利用，使得生产和生活系统的循环连接得以变成现实。对于奢侈浪费以及不合理的消费形式加以反对，大力鼓励绿色低碳和简约适中的生活方式。目前，我国在推进绿色发展方面工作也取得了一定的成效。2019年上半年，我国有338个地级及以上城市的空气质量得到改善，优良天数的平均比例为77.2%，同比提高了1.2%，二氧化硫、一氧化碳、二氧化氮、PM 2.5、PM 10的浓度同比都有所降低。

全面提升环境治理水平。进一步推进生态文明建设，提升生态环境治理水平是当务之急。建设要以政府为主导、企业为主体、公众和社会组织共同参与的环境治理体制，全面应用市场化方法，健全资源环境价格体制机制，应用多种方法鼓励社会资本和政府合作项目，加大重大项目的科技攻关力度，并且针对重大生态问题展开对策讨论研究。把生态风险并入常态化管制和系统建设的全过程，纳入多层次生态风险防范框架，加速推动生态文明体制革新，抓紧落实已经出台的改革措施，保证其得以落地见效。以突出的生态问题作为抓手，坚决打赢蓝天保卫战，进一步落实有关水污染防治计划，全方位实施土壤污染防治有关行动，持续开展农村人居环境整治计划行动，建设美丽乡村，推进人与自然和谐发展的现代化建设新局面的形成。

(四) 提高社会公众参与生态建设的积极性

在国外，公众已经广泛地参与到了生态文明相关建设中，而且发挥了大作用。“生态素养”（Ecological Literacy，Ecoliteracy）一词由美国欧柏林大学环境学教授奥尔在《生态素养：教育与向后现代社会的过渡》一书中提出。国外的有关钻研偏于生态文明素养的学习和教育，研究表明：生态素养主要包括人们在生活学习里逐渐累积形成的有关生态意识、知识和行为能力的综合素养。不仅包含个体对生态知识和方法的理解掌握及生态思维和行为能力，还包含个体的生态价值观、良知等精神因素，是一种集生态精神、行为、知识为一体的综合素养。在教育系统中加入生态文明素养教育，引起了广泛的关注，Lowman 对非正式科学教育中设定了生态素养专题进行了研究；Hammond 对美国密西西比州高等教育中的生态素养教育进行了研究；Long 等还试图采纳凭借模型教学等方法提高生态素养；Rigolon 等对儿童生态文明素养的培育进行了钻研；Sarah 等对不同区域的政策与实践等因素对人口生态文明素养的影响进行了比较研究。国外的相关研究观点认为生态素养由单一的“唯生态论”“唯技术论”转变为强调生态综合素养，由注重科学相关知识发展到了结合所有技巧、知识、行为和情感。

我国国内的有关研究大多数集中在社会大众关注生态文明的重要地位及意识，以及高校的大学生群体的生态环境文明素养等方面。与国外相比，这些研究仍多数属于生态文明意识的浅层面，较少涉及深层次研究，例如生态文明知识及能力等。刘经纬等认为，涉及生态文明等方面的知识储备是目前处理人口及能源困难等生态问题的重要策略之一；郑少尉和孟燕华认为，大众的参与对社会、环境及经济的和谐发展及进一步加强生态文明管制等方面皆发挥了重要作用；胡晓红等认为，凭借教育宣传给社会公众树立一个有关生态文明观念是势在必行的；文首文等指出，凭借干预，游客们可以把旅游道德规范和正确的生态观内化成为个人观念，进一步外显为一种品德行为；宫长瑞对我国公民关于生态文明观念的培育养成进行了系统性的研讨；佘正荣认为，有关生态文化教养的培养是建设生态文明所必备的一个国民素质。而在高等教育中，有关生态文明的培养显现出落后的状态。刘建伟等的研究表明，当前大学生对生态文明知识的理解不透彻，生态文明意识还不是很全面，相关行为仍有缺位。目前，我国生态文明科普教育框架还没完善彻底，迫切需要国家大力组织有声势有规划的生态文明科普工作，进而加强大众生态文明意识。

尽管认知水平不太高，但社会大众期望生态文明。在社会大众中，观点为“有必要”的群众占比为90%左右，其中包括100%的事业单位人员以及公务员、98.1%的学生，以及85.2%的农民，主要原因是学生群体、事业单位人员以及公务员的受教育水平及对生态的知识信息了解较多，对于生态文明素养的认知度相对来说较高。而对于农民来说，由于相对较低的受教育程度和缺乏相关基础知识，对公民生态文明素养的认知度也就显得相对较低。

各个类型的人群对于周围的关注度均在65%左右，而对此不关注的人群大多数都不超过10%，这反映出社会公众对于周围环境的关注度比较高。而伴随着年龄的增长会显现出更加关注的趋向，50岁以上人群关注度高达76.7%，所占比例最高，并且伴随着年龄的增长，公众会更注重生存的环境以及生活的质量，更加向往一个健康的生态环境。其中拥有大学以上文化程度的人群关注度较高，达到了71.6%。在不同职业的人群中，企业人员的关注度最高，近几年来，各个类型的企业在生产中更加重视环境的保护，对员工教育宣传比较多，然而在大多数情况下，企业却是破坏生态环境的主体，企业中的员工对于生态问题会更加敏感。

人类能够毁灭自然，也能够毁灭人类自身。人类属于生物圈中的高智能动物，能够在自身面临毁灭的时候，采取积极的自救措施。在20世纪50年代，英国出现了伦敦“烟雾事件”，在短短三个月当中造成12000多人死亡。在20世纪70年代，同样发达的西方国家德国，整个鲁尔地区昼同黑夜，树木被煤灰粉尘染成黑色，栖息在树上的蝴蝶的保护色变成了黑色。因而，西方发达国家均从20世纪70年代开始，通过技术升级和产业转移而停止了传统工业化之路。改革开放40年来，中国经济发展取得了举世瞩目的成就，GDP总量已经跃升到世界第二位；但是，世界传统工业发展模式中的高能耗、高排放、高污染等特点也开始逐渐凸显，对中国可持续发展战略造成了很大的制约。例如，在2013年末，整个中国中东部地区都笼罩在雾霾当中，而空气污染仅仅是生态环境危机的冰山一角。在当前国际环境和中国自然环境的双重制约和影响下，基于我国的国情，中国的现代化之路已经无法复制西方发达国家曾经走过的传统工业化之路，必须探索出符合我国国情的经济发展模式和文明发展方式。中国共产党十七大报告中首次提出“生态文明”概念，党的十八大报告中又对“生态文明”建设进行了重点阐述，将“生态文明”建设提升为国家战略。党的十七大报告首次将生态文明建设的目标概括为：建设生态文明，大体上建成一个节约能源和爱护生态的产业和消费模式、增长方式。生态环境的质量得到显著的改善，循环利用型经济形成较大的规模，可循环利用的再生能源所占比例明显增加。主要污染物的排放得到有效控制。在全社会实现有关文明观念的树立。党的十八大报告将“生态文明”进一步阐述为：“推进生态文明建设，是涉及生产方式和生活方式根本性变革的战略任务，必须把生态文明建设的理念、原则、目标等深刻融入和全面贯穿到我国政治、经济、文化、社会建设的各方面和全过程，坚持节约资源和保护环境的基本国策，着力推进绿色发展、循环发展、低碳发展，为人民创造良好生产生活环境。”党的十八大报告还对生态文明建设提出了四项具体措施，即优化国土空间开发格局、全面促进资源节约、加大自然生态系统和环境保护力度和加强在生态文明方面的制度性构建，并且首次将社会主义生态文明作为中国特色社会主义实践与理论的重要组成部分。面对世界性环境灾难和生态危机，中国共产党始终非常重视环境保护和生态建设问题，并将生态文明建设提升为21世纪的国家战略和国家意志。

第四章　环境素养现状、困境及原因

第一节　现状与困境

环境素养作为生态文明建设的主要环节，对我国生态环境问题的解决及社会经济的健康持续发展有着重大意义与价值。简单的理解环境素养就是人类对环境科学应具有的认知，以及人类自身应对环境承担的义务与责任。进入21世纪以来，随着社会经济的快速发展、科技水平的不断提高以及人类文明的不断推进，环境素养的内涵及内容更加的丰富、全面，是对我国目前常用的“环境意识”“环境态度”“环境行为”等相关词汇的补充、完善与升华。

环境素养是人类对环境科学有着较高的认知水平，在人与自然环境的相互作用中，能拥有积极的态度和合理的行为，意识到人与自然和谐相处的重要性，在生产与生活中，能够自觉地采取积极、正面的行为活动。要求人们要将代际公平的理念贯穿到各种实践活动中，要有意识地、自觉地保护环境，减少能耗，为子孙后代留下高质量的生存资源与环境，以实现人类社会的可持续发展，敢于对破坏环境的人与事进行监督、批评、教育、纠正。最后，即便是产生了环境问题，人类也能够自我反省，积极地寻找问题产生的自然原因和社会原因，并努力去解决，尽力将问题产生的影响与危害降到最低或彻底消除。

高水平的环境素养不仅是人对客观环境有着更为深刻的理解与认知，而且也反映了人对环境必须负有的责任与义务。它可以一步指导人的环境行为，实现言与行的高度统一，将认知与实践科学、合理地紧密衔接起来。

总之，环境素养在协调人类与自然环境之间的相互关系时有十分重要的推动作用和实际应用价值。但从目前人类所面临的环境问题现状以及人类对环境问题的解决效果来看，人类的环境素养还有很大的提升空间。自新中国成立以来，党和国家领导人对我国的生态环境问题日益重视，特别是在党的十八大和十九大报告中，重点突出了生态文明建设的重要性，将其提高至前所未有的高度。与之相对应的是，我国公民的环境素养也有所提高，如公众对环境问题的关注度和认知度有了较大的提高，公众参与在生态环境建设与保护方面日益活跃，公众的自觉性和意识也有所提高。但就目前我国的实际情况而言，一方面，我国的环境素养从研究到实践，起步都较晚；另一方面，我国的具体国情，也使我国的环境素养无论是从政府层面到公民个人，还是从组织实施到有效落实，都存在着诸多问题，面临着多重困境。

一、环境教育发展历程短暂，整体水平较低

在我国，与环境素养相关的词汇主要有环境态度、环境意识、环境认知、环境教育及环境行为等，而环境素养的内涵与内容则更加广泛与丰富。目前，我国环境素养提升的途径与方法主要还是依靠环境教育与宣传。而我国的环境教育始于1973年，起步较晚，发展历程相对短暂，迄今只经历了不到半个世纪。其发展历程大体可归纳为以下几个阶段：

（一）起步阶段

1972年召开的人类环境大会上，联合国发表的《斯德哥尔摩宣言》号召全世界要关注和保护生态环境，提出了“必须对年轻一代和成人进行环境问题教育”。此后，世界各个国家与地区开始逐渐地关注环境教育问题。此时，由于我国社会经济的迅速发展，环境问题开始恶化，我国开始探索与实践环境教育相关问题。

我国于1973年召开了第一次全国环境保护会议，颁布了《关于保护和改善环境的若干规定》，首次提出要积极开展生态环境相关的科学研究、宣传与教育，并要求有关高等院校开设相关的专业与课程。该规定对我国的环境保护事业具有十分重要的历史意义，它标志着我国环境保护和环境教育事业开始起步，也为中国环境教育理念的基本结构奠定了基础。此后，国内的一些高校相继开设了相关专业，并开始进行环境科学专业的本

科生及研究生的招生与培养；同时，相关的高校和科研机构也开始在环境科学领域进行广泛的科学研究；此外，中小学也逐渐开设了相关的课程或开展了实践活动，以学习和普及环境科学知识；一些主流媒体也开始关注并报道与环境保护相关的事件，并积极制作一些影视作品；相关的杂志、期刊及出版社也开始出现，并积极投入到环境保护的事业之中。特别是我国于1979年颁布的《中华人民共和国环境保护法（试行）》对环境教育方面提出了相关要求，进而为我国的环境教育事业发展提供了法律保障。

（二）发展阶段

1983年，我国召开的第二次全国环境保护大会将环境保护确立为我国的一项基本国策，这一举措标志着我国环境保护事业上升到了一个新的台阶，进入了一个崭新的历史发展时期，也标志着我国的环境教育开始进入发展时期。这一时期，为确保环境保护的成效，环境保护开始走向制度化。这一时期环境教育的侧重点主要是要提高人们的环境意识，教育的对象主要集中于政府官员和普通公众，并设立了相关的管理机构，环境教育开始逐渐渗入中小学生课堂及实践教学中。

1985年，举办了中小学环境教育经验交流与学术研讨会，得到了环境保护和教育两个政府部门的高度重视，环保部门和教育部门首次联合，在环境教育方面开始相互支持与通力合作。会议首次提出希望将环境教育“渗透”到中小学的各科教育中，为以后在全国中小学校全面开展环境教育奠定了基础。1989年12月颁布了《中华人民共和国环境保护法》，2014年进行了修订，进一步重申了环境教育的重要性和积极作用，明确了环境教育的法律地位，突出了环境教育对环境保护事业的重要性。此后政府部门出台了一系列的相关文件规定，将环境教育与基础课程教育有效融合，如《九年义务教育全日制普通小学、初中教学计划（试行草案）》（1987）、《现行普通高中教学计划的调整意见》（1990）、《九年义务教育全日制普通小学、初中课程计划（试行）》（1992）等。在《现行普通高中教学计划的调整意见》（1990）中规定，在普通高中阶段以选修课的形式开设环境保护相关课程。

（三）快速发展阶段

这一时期，随着人们对环境问题认识的革新，可持续发展理念被世界各国普遍认可。环境教育也开始引入可持续发展的理念，向可持续发展的环境教育方向转变。1992 年 8 月，在《中国环境与发展十大对策》中提出："转变传统发展战略，走持续发展道路，是加速我国经济发展、解决环境问题的正确选择。"文件中提到两个主要对策：一要强化环境教育，二要提高全民族的环境意识。会议还提出环境教育的四个方针：①通过社会教育提高公民的环境意识和环保自觉性；②通过专业教育提高公众的环保专业技术与管理知识；③通过专业培训来提升相关领导干部和工作人员的自身素养；④加大对儿童和青少年的环境教育，从小提高公众的环境意识。同时，高等院校也开始设置专门的环境教育专业、研究中心（所）以及院系，完整的环境教育体系逐渐形成并趋于完善。

我国于 1996 年颁布了《全国环境宣传教育行动纲要（1996～2010 年）》（以下简称《纲要》）。《纲要》指出："环境教育是全民族思想道德素养和科学文化素养（包括环境意识在内）的基本手段之一。环境教育的内容包括环境科学知识、环境法律知识和环境伦理知识。环境教育是面向全体公民的教育。环境教育是各级环境保护、宣传和教育部门的一项重要工作。"《纲要》还提出，到 2000 年，将在全国范围内全面开展"绿色学校"活动，符合"绿色"课程、拥有"绿色"管理和"绿色"生活方式的学校将获得"绿色学校"认证。2001 年，《2001～2005 年全国环境宣传教育工作纲要》倡导公众要有"绿色"生活方式，树立良好的生态伦理观，并且在全国各地开始积极创建"绿色社区"试点。

（四）生态文明教育阶段

2002 年以后，我国的环境教育开始进入快速发展时期，特别是可持续发展教育理念在环境教育中被广泛采纳、应用。在这一阶段，环境教育无论是从地域发展、形式开展，还是水平提高上都有了很大的进步与提升。可持续发展教育逐步被各级政府部门所重视，各种政策文件中开始体现可持续发展教育的内容，全国各地开展了大量的相关教育活动。特别是在国家层面上高度重视环境教育，出台了一系列加强环境教育的文件，如《中国 21 世纪初可持续发展行动纲要》（2003）、《中小学环境教育专题教育大纲》（2003）和《关于做好"十一五"时期环境宣传教育工作的意见》（2006）等。

2003 年，我国首次提出了"科学发展观"，在中国共产党第十七次全国代表大会上，科学发展观被写入了党章，党的十八大又将科学发展观列入党的重要指导思想。科学发展观将保护自然环境、维护生态安全、实现可持续发展作为发展的基本要素，以实现人与自然的和谐、社会环境与生态环境的平衡。简言之，科学发展观要求我们建设社会主义的生态文明。可见，科学发展观引领生态文明教育，助力环境教育。为加强环境教育，教育部于2003年颁布了《中小学环境教育专题教育大纲》和《中小学环境教育实施指南（试行）》，要求必须将环境知识、环境态度与环境价值观融入义务教育的课程中。

我国于2011年颁布的《全国环境宣传教育行动纲要（2011～2015年）》中要求构建完善的环境保护行动体系，加大环保宣传教育力度，提升公民环保意识，提高生态文明水平。环境保护、节约资源和循环经济的概念被纳入党的十八大报告中，生态文明建设与政治、经济、文化、社会并列成为五大建设主题。2015年，《中共中央、国务院关于加快推进生态文明建设的意见》是党的十八大报告重点关注生态文明建设内容后，中央全面部署生态文明建设的首个文件，突出了生态文明建设的政治高度。生态文明的范畴包含了制度文明、意识文明和行为文明，可见环境教育与其的出发点和目标都高度一致。因此，实现生态文明教育的正规化和系统化是生态文明建设十分重要的关键环节。

整体来看，经过几十年的发展，我国的环境教育取得了显著成效，环境教育体系日益完善，实现了从简单环境教育到可持续发展教育的发展，最后进一步提升为生态文明教育，形成了具有一定中国特色的教育模式，为我国的环保事业做出了一定贡献。

但我国的环境教育也存在着诸多的问题。特别是与国外的环境教育发展状况相比，我国的环境教育起步相对较晚，发展历程较为短暂，体系不够完善，效果也不显著。纵观40多年的发展历程，虽然国际上的环境教育理论、模式、方法与实践对我国的环境教育发展产生了积极的影响和促进作用，但我国环境教育整体还是处于一个较低水平，而且我们的体系、方法及途径等多处于借鉴和模仿国外的状态，缺乏更加符合我国自身国情，更加实用、有效的环境教育模式。因此，现在我国的环境教育仍然处于初期阶段，并未真正进入可持续发展教育阶段。环境教育是提升公民环境素养的主要途径，这一点已经被充分证明，并被人们所公认。但事实上，我国现阶段的环境素养差强人意，教育效果较差，而这一现状的改变与改善，因为涉及教育、社会、经济以及管理等领域，其历程可能会更加艰难，需要比较漫长的时间。

二、公民素养普遍不高，环境素养更是“低洼地”

（一）公民素养现状及问题

公民素质是一个国家或地区的公民在德、智、体、美、劳等各个方面所具备的所有素养的总和，是公民对参与社会公共生活所持有的认知、态度、意识和能力等。这里的“素质”相当于“素养”，即公民素质也可理解为公民素养，其既与先天生理基础挂钩，又离不开后期环境的影响，特别是后期教育的作用至关重要。由于公民是参与社会生活和生产及政治活动的主体，因此，公民素养会对社会生活、生产及政治活动进行渗透、体现和影响。目前，社会各界都非常关注公民素养这一话题，公民素养也是社会文明程度的一种体现。从社会学的角度，以社会道德标准为度量，公民的素养存在高低之分。公民素养包含的方面也非常丰富，包括政治素养、科学素养、专业素养、道德素养、文化素养以及法律素养等。

公民素养的构成要素主要包括两大方面，即公民意识和公民参与技能。公民素养与个体素养的内涵不同，公民素养主要体现的是公民在社会、政治等公共领域中的理念秉持与能力，而个体素养则主要是个体在家庭、市场等私人领域中的体现。前者是人在公共活动领域的体现，而后者则是人在私人活动领域的体现。例如，环境素养就是一种典型的公民素养。根据政治社会化理论，提升公民素养的途径主要是教育和社会实践，其中教育的作用更加突出，包括家庭教育、学校教育和社会教育。教育主要是奠定认知基础，而通过社会实践可以获得实际经验和技能。因此，教育要与社会实践相结合，在开展环境教育的基础上，积极加入各类社会组织或机构，参与其面向社会的公共服务和公共治理活动，是民众提升公民素养的重要实践途径。

在全球化高速、全面发展的今天，公民素养的高低已成为衡量国家综合国力的重要标准之一，其对维护国家政治安全与社会稳定，推动社会经济快速健康发展均具有十分重要的作用。因此，如何有效提高公民素养，已成为世界各国和地区高度关注的重要问题。马丁·路德曾说过，一个国家的繁荣不只取决于国库之殷实、公共设施之华丽，而在于此国家公民的文明素养，即在于人们所接受的教育。所以在社会不断的发展进程中，公民素养至关重要。进入 21 世纪，我国的各项事业蓬勃发展，尤其是生态文明建设方面，提高公民素养对经济社会发展和环境保护均具有特殊意义和重要作用。

在历史上，中国曾是具有悠久文化历史的世界大国，拥有博大精神和传统美德。自古以来，国人就崇尚“修身、齐家、平天下”，优良的传统美德和精神不仅为我国文化发展提供了原动力，也是公民道德认知提升的源泉。在我国公民素养的发展与建设中，我国公民一直有较高的公民素养，国家意识、家庭美德、社会公德及职业道德得到了公众的普遍认同。

首先，爱国精神和民族认同感是我国公民国家意识的主要表现，在中国共产党的领导下，我国经过改革开放，社会经济法制取得了举世瞩目的成就。我国公民坚决拥护社会主义制度和中国共产党的领导，保卫国家利益，维护国家统一。

其次，公民的文化素养也在逐渐提高。公民的文化素养既包括公民的受教育水平，又包括其获得和掌握知识的途径和能力。当前，我国不断提高对教育的重视程度及教育投资，并不断完善素养教育及全民教育。教育的形式方法、平台途径多样化、丰富化，为各学历层次、各学习阶段的公民搭建了良好的平台。随着科技和社会经济的发展、教育的普及和教育水平的提升，我国公民的文盲率逐渐降低、受教育水平得到了很大的提高。

最后，我国公民的道德认知达到较高水平。公民道德认知包括道德印象的获取、道德理念的形成和道德思维能力的发展等。公民对我国一些传统美德进行了传承和发扬，并在生活实践中得到了很好的体现。总之，特别是改革开放40年以来，我国的社会经济得到了快速的提升，教育水平大幅度提升，人民生活质量和品质也得到了极大的改善，公民素养发展趋势总的来看也是积极向上的。

与此同时，我们还应该看到，我国的公民素养仍然还存在诸多不尽如人意的地方。

一方面，教育作为公民素养提升的重要手段，对提高公民环境素养具有举足轻重的作用。目前，我国的学校教育还停留在应试教育层面，偏重文化知识的学习与考核，对学生的能力和品质的培养重视程度较低，即使有的地区或学校开展了相关的素质教育，往往也是流于形式，效果欠佳。而作为教育的领路者——教师的个人素养和评价标准、考评体系也都存在诸多的不足。此外，在家庭教育中，家长的个人素养、受教育水平、文化背景和家庭收入等因素对子女的影响很大，在大的教育环境背景下，绝大多数的家长更关注、更看重子女的文化课程教育。

另一方面，特别是改革开放以后，我国的社会经济迅猛发展，社会物质财富飞速积累，人们的生活品质得到了极大的提高。但同时，社会上的一些“金钱至上”“物质崇拜”的思想也较严重。在政治上，如今官员腐败问题较严重，屡屡出现政府关键部门的领导违法违纪的现象，也表明了我国的法制体系不够完善，政府内部监督体系不完善，而且民众的法律意识与监督意识不强，并没有充分行使法律所赋予的监督权。同时，有的政府部门也没有正确对国民素养进行宣传、规范，在教育宣传上投入不足，进而在思想领域出现了功利主义张扬、文化精神倾滑和人文弱化的现象等，这些全都主导着社会思想文化的发展和风气，使得人们的整体素养偏低。

（二）环境素养整体水平偏低

公民作为国家的主要组成成员，其影响力和作用将会涉及社会生活的每个领域。在生态环境保护与利用方面，公民更是主体，公民环境素养是一种应时代的要求新产生的素养，是现代生态文明建设的生力军。生态文明是人类文明发展的一个新阶段，是传统相关理论思想的升华和延伸，是生态学与哲学、伦理学、社会学、经济学、教育学以及管理学等理论的交叉融合，是人类文化发展的精神积累。在党的十九大报告中，生态文明建设的重要性被反复重申，报告指出“建设生态文明是中华民族永续发展的千年大计，关乎人民福祉，关乎民族未来”，更是将生态文明建设纳入“五位一体”总体布局，首次提出将“富强、民主、文明、和谐、美丽”作为建设社会主义现代化强国的目标，突出体现了我国的现代化应是人与自然和谐发展的现代化，不能以牺牲环境来换取经济的短暂发展，要努力建设美丽中国，实现中华民族的永续发展。

与其他素养相比，公民环境素养相对是一个较为新颖的概念，其出现的时间较短，被人们认知和熟悉的程度有限。环境素养具有鲜明的特点，它强调人对自然的伦理道德情怀，体现了人类素养的进步性，突出了“人与自然”高度融合的系统性。环境素养实际上包括两个层次：一是人们对环境问题和环境保护的了解程度与认知水平，以及人对自身应负的环境义务及责任的明确；二是人们保护与治理环境的行为取向和具体行动，更多的是强调知行合一，这种行为还包括其对身边人的正面影响与引导。在我国当前生态文明建设的背景下，公民的环境素养具有特定的时代价值，体现在人的全面发展、健康和谐的社会生活、社会物质基础创造、生态文明社会的建设和国家正面国际形象的构建等层面。

由于我国的公众环境教育开展较晚，加之重视程度不够、落实实施不到位以及条件限制等因素的影响，从全国范围来看，环境教育制度单一、低效、流于形式，甚至缺失等问题较突出，致使公众环境素养普遍不高。尤其是我国的边疆少数民族地区和西部欠发达地区，由于受社会经济发展水平、教育质量、教师素养以及社会基础设施等因素的影响，在公众环境素养教育方面更是不尽如人意，公众环境素养普遍不高。

首先，目前我国的中小学教育更侧重于应试性，而在这种教育背景下，学生、老师、家长以及社会往往更加“务实”，而“无用”的环境教育想要渗透到日常教学环节中基本上是无法实现的。而且即便是开展环境教育课程或活动，也往往次数极为有限，流于形式，收效甚微。此外，在师资培养及培训方面，我国中小学教师也同样没有专门的、有针对性的环境教育环节。相对于通识教育，我国学校教育对环境教育的重视程度不够、投入较低。同时，我国学校教育对环境教育模块的重视程度和投入都很低，环境教育资源匮乏，如必要的教育场所、相关教材、教学设施、信息资料以及校外的环境教育基地明显不足。所以，在这种环境教育模式和背景下，我国中小学生的环境素养注定无法得到真正有效的提升。

其次，普通公众的环境素养教育同样欠缺，教育制度社会保障体系不完善，途径、形式欠缺，甚至很多地区几乎没有针对普通公众或社区的环境教育，导致全国范围内公众环境素养问题普遍突出。而且以往的调查和研究也已经指出，我国普通公众环境素养在有关环境的知识储备、状况认知、价值观念、意识态度以及环境行为等主要方面都十分欠缺，缺乏系统、科学的教育过程，公众的环境教育往往停留在“号召宣传、全凭自觉”的状态。

再次，政府组织及工作人员的环境素养也不容乐观。政府组织的素养往往由其工作人员素养所组成，其工作人员素养是机构素养的构成单元。因此，政府组织的环境素养也往往由其工作人员的环境素养来体现。如前所述，一方面，我国公众的环境素养普遍不高；另一方面，前期的学校教育是应试教育，对环境素养的培养不够重视。总之，在这样的大背景下，政府工作人员的环境素养水平不高，也存在较多的问题。当然，与环境保护、治理有关的组织与部门的环境素养往往还是比较高的。

最后，企业及负责人的环境素养偏低。企业是人类社会经济活动的一种重要模式，是社会发展（社会分工）到一定阶段的产物，以盈利为主要目的，运用各种生产要素（土地、劳动力、资本、技术和企业家才能等），向社会提供产品或服务，实行自主经营、自负盈亏、独立核算的法人或其他社会经济组织。在我国当前社会经济发展的背景下，加之制度体系、法律法规的不完善，我国企业的负责人往往环保意识及责任心不强，企业也往往将经济效益放在首位，企业及负责人的环境素养偏低。因此，我国每年由企业所产生的污染问题已成为我国环境问题的重要源头，工业生产对各个环境要素影响巨大，大气环境、水环境、土壤环境及物理环境的污染问题十分突出。

三、环境教育立法缺失，环境素养提升难保障

环境教育不同于传统教育。环境教育是一种特殊的教育实践，反映了环境教育主体需求与客体间的实际利益关系，其中主体就是环境中的人，而客体指的是环境教育体系，主要表现为环境教育在协调人与自然的关系、规范人类行为举止、提高主体性和自律性等方面的作用。通过环境教育可使人在处理环境问题时，将被动、消极转变为主动、积极，从强制关系转变为共同意识。因此，在应对环境问题时，教育是行之有效的重要手段，也是可供我们掌控的少数重要手段之一。正是由于人们认识到了环境教育所具有的巨大价值，各国都在积极努力大力发展环境教育事业。特别是在实践过程中，环境教育经过不断的发展完善，其更深层次的价值属性被不断地挖掘出来，从而使环境教育的理论体系不断改革、创新与完善。因此，保障环境教育的顺利实施，使其发挥应有的作用与价值意义重大，而法律则是十分有力的保障手段。

事实已经证明，环境法律法规在规范人类的环境行为、保护生态环境、维护人与自然和谐发展方面有十分重要的作用。新中国成立后，针对我国日益严峻的环境问题，各级政府部门在环境保护领域出台了一系列的环境法律法规和制度规范等。这些法律法规和制度规范在我国的生态环境保护和建设中发挥了至关重要的作用，保证了社会经济建设与生态环境保

护的协调发展。但在这些法律法规及制度条例实施与执行中，依然存在诸多的问题与不足，进而影响了它们的作用的发挥。

而与环境素养提升相关的环境教育方面的法律法规及制度条例，我国整体还是处于较为落后的状态。其中，对我国生态环境建设至关重要的《环境保护法》在环境教育、素养提升方面也只是进行了原则上的规定，第五条指出："国家鼓励环境保护科学教育事业的发展，加强环境保护科学技术的研究和开发，提高环境保护科学技术水平，普及环境保护的科学知识。"可以看出，国家在环境教育方面只是"鼓励"，并未做出强制要求，而且指出环境教育的目标是"普及环境保护的科学知识"，对环境教育的主体部门、实施细则以及考核监督等并未给出详细规定。而环境教育是知识、意识、态度以及行动等方面的综合，是提升环境素养的有效途径，因此这一原则规定难以对环境教育的有效推动和实施发挥真正的指导作用。

除此之外，我国的环境教育规范大多是以政策与指导方针形式出现的。主要有《环境教育发展规划》《中国环境保护 21 世纪议程》《全国环境宣传教育行动纲要（1996~2010 年）》《中小学环境教育实施指南》等。如广东、宁夏及天津陆续出台了相关的"环境教育条例"。虽然环境教育的理论发展与实践积累都已证明了环境教育立法的重要性，国外的经验也已证明了这一点，但相对于国外的有关立法情况，我国的环境教育立法由于种种因素的限制，目前还处于缺失状态，仅有少数地区进行了环境教育方面相关立法的探索。如 2018 年 5 月在第二次广东省环境教育立法研讨会上，呼吁了多年的环境教育立法问题终于被提上议事日程，《广东省环境教育条例》在广东省十三届人大常委会通过。

总之，现阶段我国的环境教育事业还处于落后阶段，教育内容仍然以普及环境科学知识为主，缺乏对环境伦理的宣传，有关环境知识、意识、态度与行为等方面的综合提升有待改善。公众真正树立保护环境和尊重环境法的思想意识有待提升，与发达国家相比差距较大。

四、环境素养理念桎梏、理论滞后

（一）理念桎梏

长期以来，在以经济建设为中心的指引下，社会经济取得了翻天覆地的变化，人民生活水平得到了很大的改善，社会主义的各项事业也步入了新的历史阶段。但在快速发展的同时，我们也面临着越来越多的问题，而环境问题就是其中一个非常严峻的难题。但结合我们的实际国情，我国是发展中国家，现处于社会主义的初期阶段，而且这一状态还将会长期存在下去，因此，以经济建设为中心依然是我国走向强国富民的重要途径，也是今后我国发展的核心任务。

习近平总书记在党的十九大报告中指出，人民日益增长的美好生活需要和不平衡不充分的发展之间的矛盾已经成为我国社会主义新时代的主要矛盾。这种主要矛盾的转变对党和国家工作提出了更多新要求，是一种关系全系全局的历史性变化。推进生态文明建设要与政治、经济、文化和社会建设相融合，促进形成人与自然和谐共存的现代化建设新格局。发展是第一要务，但经济发展必须要以生态环境保护为前提，以可持续发展为基本原则，不能以牺牲生态环境来换取短暂的发展，要吸取发达国家的经验教训，避免走“先污染后治理”的老路。总之，在快速健康发展经济的同时，也要高度重视生态文明建设。

结合我国的经济发展历程和生态环境问题的特点，可以看出，我国的生态环境问题较为复杂，具有长期积累、压缩集中、复杂多样等特点。

首先，我国长期的经济发展高度依赖于环境和资源，如在我国的能源结构中，煤炭仍然是主要能源，其在开采及利用过程中对环境的影响极其巨大。

其次，在构筑人与自然环境的和谐共生时，环境素养理念桎梏。一方面，在治理环境问题时，我国现阶段采用的方法，主要还是侧重于技术手段，而法律法规执行力差，监督与管理不力。而国外的治理经验以及环境问题治理的发展历程已经证明，先进的技术手段并不能有效地解决环境问题，而改变理念才是关键，树立可持续发展观才是关键，构筑人与环境的和谐共生，人类必须要转变理念，重新梳理我们与环境的关系。另一方面，近年来，生态环境保护与建设受到国家层面的高度重视，在有关生态文明建设方面，先后出台了一系列重大决策与部署以积极推动生态文明建设，并取得了重大进展和显著成效。但整体来看，我国生态文明建设水平仍然较低，远远滞后于经济社会的快速发展。这在很大程度上，与相关政府组织、管理者及企业的环境素养不高、环境素养理念桎梏有关。政府层面，更多关注的是短期的 GDP 增长；管理者层面，更多关注的是自己任期内的政绩；企业层面，更多关注的是经济效益。

（二）理论研究滞后

有关环境素养的理论，最早是在20世纪90年代，由美国田纳西大学地理和环境教育中心主任Rosalynhe Mckeowniee教授首次提出来的。此后，这一理论受到美国各界，特别是政府和环境教育界的重视，后来经过不断的完善与发展，到21世纪初期，该理论逐步成熟，此后被世界各国与地区高度关注与引用，逐渐开始向世界各地传播。

严格来讲，环境素养与环境意识、环境态度等词汇有较大的区别，环境意识体现了客观环境在人头脑中的反映。环境素养则不然，它即包含了人对外部客观环境的深层次认识，又体现了人对客观环境应负的责任与义务。环境素养是一个综合的、全面的体系。环境素养理论将环境意识和环保行为与一个人的基本素质和日常修养相结合，具有环境素养的人要具备多方面的综合素质，包括较高的环境情感、环境认知、环境伦理、环境技能和环境行为。因此，环境素养比以往其他相近词汇的内涵更为丰富。目前，我国在此领域的研究与实践起步较晚，且主要还是集中在环境教育和环境意识方面，而有关环境素养的研究则相对较少，而且研究的对象也主要是以学生群体为主，即还是从环境教育的视角，依托学校教育来对其进行理论研究，其完整理论体系还尚未形成，相关的研究资料与成果较少。

总之，虽然目前我国在生态环境问题治理方面取得了一定的成效，但我国的生态环境问题仍然不容乐观，在针对环境主体的教育方面还存在着诸多的问题，对环境素养的重要性认识不足，环境素养理念桎梏、理论研究滞后，与发达国家相比差距较大。

五、侧重教育过程，实践环节薄弱

（一）环境教育现状

教育对一个国家和地区公民科学文化知识的学习、综合素质的培养、人文精神的传承与发扬意义重大。教育的目标可以理解为从基本的追求个人生存技能开始，到更高层次的追求国家利益、民族利益、人类命运持续科学化和高效安全的新科技，并用以造福全人类。

教育有狭义和广义之分。狭义的教育主要指学校教育，是一种专门的、有组织的教育，不仅包括全日制的学校教育，而且也包括半日制的教育、业余的学校教育、函授教育与刊授教育、广播学校和电视学校的教育等。而广义的教育内涵则更为丰富，泛指一切有目的的影响人的身心发展的社会实践活动。它是符合当前和未来社会发展的需求，遵循年青一代的身心发展规律，有目的、有计划地引导受教育者获得知识技能、发展智力和体力的一种实践活动，把受教育者培养成适应社会需要和促进社会发展的人。教育具有社会性和目的性，具有个体发展功能与社会发展功能。

与以往相比，我国的教育事业有了很大的发展。据《2017 年全国教育事业发展统计公报》显示，截至 2017 年，我国各级各类学校、各级各类学历教育在校生、专任教师的增量如表 4-1 所示；而且我国教育事业在不同阶段也较 2016 年有了一定的增长，如表 4-2 所示。

表 4-1　2017 年我国教育事业统计结果

类别	2017 年	相比 2016 年增加量	增长百分比（%）
各级各类学校	51.38 万所	2105 所	0.41
各级各类学历教育在校生	2.70 亿人	545.54 万人	2.06
专任教师	1626.89 万人	48.72 万人	3.09

表 4-2　2017 年我国不同阶段教育统计结果

教育阶段	学校数量			学生数	
	2017 年	比 2016 年增量	增长百分比（%）	比 2016 年增量	增长百分比（%）
学前教育	—	1.51 万所	6.31	186.28 万人	4.22
义务教育	21.89 万所	—	—	在校生 1.45 亿人	—
特殊教育	2107 所	27 所	1.3	0.28 万人	5.20
高中教育	2.46 万所	-93 万所	-0.38	0.93 万人	0.02
高等教育	2631 所（独立学院 265 所）	35 所	1.35	在校生 3779 万人	—

整体来看，我国各个阶段的教育事业都取得了显著的成绩，始终坚持教育为人民服务、为社会经济建设服务。应该贯彻教育发展的新理念，转变教育发展模式，以适应社会经济发展的需求，我国的教育总体发展水平跃居世界中上等行列，特别是在教育公平、平等方面取得重要进展，教育服务经济社会发展能力显著增强。当前，我国教育已进入提高质量、优化结构、促进公平的新阶段，教育发展能力得到了显著提升。

在我国教育事业蓬勃发展的大背景下，环境教育作为一种以人与环境关系为中心的教育活动，是提高环境素养的重要途径。在教育初期，我国为提升公众的环境素养，采取了一些积极的教育措施，并取得了一定的成效。

目前，在环境教育的开展实施中，以中小学的环境教育开展得最活跃。特别是“绿色学校”的创建活动的开展，在全国范围内产生了巨大的影响。国家环保总局、国家教委、中共中央宣传部于 1996 年联合颁发了《全国环境宣传教育行动纲要（1996~2010 年）》，提出 2000 年逐步开展创建“绿色学校”活动，并于 2001 年表彰了第一批“绿色学校”创建先进学校。随着创建活动的进一步开展，将逐步扩展到从幼儿园到大学校园正规教育的全过程。“绿色学校”活动强调在学校的日常管理、教育、教学和建设中要融入环境教育，强调保护环境的重要性和紧迫性，引导广大师生关注环境问题，爱护生态环境。使青少年在成长初期就牢固树立热爱大自然、保护生态环境的责任与意识，培养他们保护环境的高尚情操；了解并掌握环境科学的相关基础知识，秉承人与自然要和谐共存的发展理念；学会以身作则，从自己开始，从身边的小事开始，在行为举止上严格要求自己；提升师生的思想认识，拓宽认知视野，走出校园，不仅要关心学校，还要关注社会、国家和世界，并在教育和学习的过程中学会认知判断，学会创新和积极实践。此后，全国范围内开展了一系列形式多样、内容丰富的“绿色学校”创建活动，主要集中在中小学。2013 年，由中国城市科学研究会绿色建筑与节能专业委员会、同济大学、中国建筑科学研究院主编的《绿色校园评价标准》（CSUS/GBC 04—2013）为国内第一部绿色校园评价标准，该标准为我国开展绿色校园评价工作提供了技术依据。

但“绿色学校”也存在着一定的不足，环保的宣传力度和教育程度不够，范围还需要继续扩大到周围群众乃至全社会；环境教育的途径单一化，主要是课堂讲授和参观考察，环保活动的效果不够突出，相关的教学改革及研究较少；学习、了解环保新信息不够，渠道不多，对环保教育的资金、设施及师资投入不足。

此外，《全国环境宣传教育工作纲要（2016～2020年）》提出，到2020年，全民环境意识显著提升，生态文明主流价值观得以在全社会全面推行。构筑全民参与环境保护社会行动体系，促进自上而下与自下而上相结合的社会共治局面的形成。积极引导公众言行统一、知行合一，自觉担负起环境保护的责任与义务，身体力行，勤俭节约，推行绿色生活方式。形成与全面建成小康社会相适应的社会局面，形成公众、组织及团体崇尚生态文明的社会氛围。

但《全国环境宣传教育工作纲要（2016～2020年）》同时也指出了当前我国环境宣传教育存在的问题，主要表现为：一是缺乏处理公共事务和与公众有效沟通、交流等方面的能力；二是没有充分利用新兴媒体，对其与传统媒体的融合发展适应性不足；三是宣传教育手段陈旧，创新力不足；四是生态文化产业发展缓慢，相关产品的供给能力不足。

此外，在《国家教育事业发展"十三五"规划》中提到，提升在校学生的生态文明素养很有必要。加强生态文明教育，鼓励学校开设相关课程，加强生态环境相关的国情和世情教育，普及相关的科学基础知识与法律法规，从而将生态文明理念融入学校教育全过程。大范围、多层面地积极开展可持续发展教育，积极引导学生在生活与学习中勤俭节约、尊重自然、敬畏自然、保护环境，累积可持续发展的理念、知识与能力，养成节能低碳、文明健康的绿色生活方式。

总之，我国的环境教育发展对我国公民环境素养的提升至关重要。当前，我国的环境教育在很多方面取得了一定的效果，特别是在学校教育阶段。但是，中国环境意识调查报告结果显示，学校在环境教育中并没有充分发挥作用。另外，虽然绿色学校的数量在不断增加，但环境教育的形式与内容有待商榷，环境教育的作用与功能流于形式，并未达到预期的理想效果，在这一过程中存在着很多的问题。首先，在政府层面上，对环境教育主要是采取指导性和提倡性的措施，而对重要性并未真正地落实；在学校层面上，环境教育的形式简单，模拟仿效现象普遍，考核与监管机制缺失；在普通公众层面，环境教育的形式主要还是利用媒体的少量宣传、倡导，效果较差。

（二）实践行动现状

实践是人类的主观和感知活动，是可以改变自然环境，使自然环境能够满足人们物质需求的社会经济活动，并决定着所有其他活动。实践还可以处理人们的一切其他社会关系活动，如政治、军事、社会管理、社会交流、劳动就业、社会保障、文化和公共服务等。人类的认知来源于实践，认知又产生于实践的需要，实践的目的在于通过改变世界以满足人类的需求。认识与实践是行为的一体两面，即要知行合一。知行统一，知必须要落实于行，行中一定要有知。

在环境心理学中，从心理学的角度来看，在意识与行为之间的关系理论方面，承认"意识决定行为"的心理学规律。这一规律也适用于环境保护领域，即人的环境意识对其环境行为具有支配与决定功能。在此基础上强调了这一理论的现实意义：一方面，公民在自身环保意识的积极作用下，就会经常有意识地开展维持生态平衡、反对破坏环境的活动；另一方面，公民环境行为的最终效果取决于他们以自身的责任感与价值观为基础的有意识的积极参与。这种公民环境意识与环境行为之间的密切关系已经被许多的案例研究所证实，环境意识与环境行为之间存在着显著的正相关关系。但我国的环境行为实践还存在着一些现实的问题与困境。

首先，学校环境实践欠缺。环境教育不应只是课程教育和课堂教育，更是生活教育和行为能力的培育。而目前我国的环境教育虽然比较重视学校阶段的教育，特别是中小学生的环境教育，但从目前的实际情况来看，主要是课程教育和课堂教育，如在专门设立的环境教育的课堂上对学生进行环境知识、环境意识等方面的培养；在课程上，缺乏系统、科学的环境教育课程，主要是将环境教育与其他课程融合穿插来进行，如在地理学、生物学、化学及历史学等课程中进行环境教育。而在实践行动方面则更为欠缺，上完课程或参观考察完后，环境教育的过程就基本终止了，至于学生是如何实践的，实践的效果如何，已经不是学校环境教育关心的问题了。所以，环境教育形式简单、效果不佳。学校的环境教育往往流于形式，"重口头，轻实践""重流程、轻效果"。致使学校阶段的环境教育与预期的期望还有一定的差距。

其次，家庭教育和社会教育不足。育人是一个综合性很强的过程，将环境教育融入其中，不仅是学校教育的责任，家庭教育和社会教育更不能缺失。但现阶段，我们的家庭和社会在环境教育方面所起的作用甚微。我国传统的家庭教育主要侧重于人文道德和科学文化知识的教育。一方面，我国现有的教育体制，使家长更关心学生的学习成绩，而环境素养并未在考核范围之内；另一方面，家长的环境素养普遍较低，环境认知、环境知识、环境意识、环境责任等领域的水平参差不齐，而且整体水平不高。此外，社会层面的环境教育形式与渠道还主要是借助媒体的宣传与号召，而且往往“大同小异、千篇一律”，有时让公众产生“疲劳感”甚至“反感”。这样的教育现状和教育环境，最终也会影响学生的环境实践行为。

再次，政府层面对环境实践认识不足。例如，对环境教育进行政策监管的可操作性不强。针对不同地区、不同对象、不同层次的公民，如何开展环境教育，对具体的措施方法、渠道形式、人力及资金等并未有详细、具体的说明。而且对要如何实践，达到怎样的效果，如何考评、监管也没有具体的标准。从而形成了下面按照上面的指示将活动搞完了，表面形式做到了，交差了事的状况，以至于政策措施“落地难、效果差”。

最后，实践渠道不畅通。通过环境教育，可以提高公民的环境素养，进而指导公众的环境实践行为。但环境实践渠道不畅通的问题十分普遍，而且其危害性巨大，它可使我们前期环境教育的理念与目标土崩瓦解。例如，在环境教育中针对垃圾处理的问题，无论是针对垃圾的危害性，还是垃圾分类的重要性，我们在教育阶段都反复强调、高度重视。但在现实生活中，当我们想去执行这样的正确行为时，却发现没有这样的渠道。我们知道电池对环境的污染很大，对电池应该有专门的回收渠道，但现实中往往找不到；我们知道垃圾分类意义重大，有的垃圾可回收，有的不可回收，但现实生活中我们的垃圾箱没有这样的划分，有的即便进行了分类，但最终还是被混在一起处理。这样的问题在我国许多地方普遍存在。所以很多时候，现实的情况将我们的环境教育与环境实践完全分离开来，呈现出一种“说一套，做一套”的不良现象，传达出一种教育是流于形式的信息。所以，公众环境素养的提升是综合的，需要各个方面为其创造条件、提供渠道，最终使其能发挥真正的作用。

六、"关门式"问题突出

公民环境素养的提升是一个综合素质的提升，需要从教育、意识、态度及行为等方面来综合体现，故而，影响环境素养提升的思想意识、形式方法、途径渠道及效果成效都具有十分重要的作用。我国在这些方面取得一定成绩的同时，还存在着另一种问题，即"关门式"问题较突出。

（一）学校"关门教育"

学校是培养人才的摇篮，是为学生的成长和未来事业发展奠定良好品德及文化科学知识的首要基础阵地，是教育者有规划、有组织地对受教育者进行系统的教育活动的组织机构，是人类传承文明成果的方式、途径和场所。从某种程度来讲，学校教育决定了个体社会化的水平、能力和本质，是个体社会化的重要基地，在社会中起着十分重要的作用。

我国当前的教育体制主要是应试教育，主要侧重于对学生科学知识的考察，对学生、教师及学校的评价标准也是以文化课成绩为主，环境教育基本不在考核的范畴之中。所以从学生、教师到学校，包括家长都更加关注学生的课程成绩，这也是现行教育体制所决定的。而针对环境教育方面，在提升学生及教师环境素养上，学校多是"关门教育"，即主要是在校园内进行口头上的宣传教育，偶尔会有少数的相关活动实践。环境教育走过场，途径简单，效果不佳，而且多是被动实施。

所以，无论是从学校层面，还是从教师角度，其自身的环境素养都不高，缺乏环境意识，相应的环境认识与技能缺失，因此在对学生进行环境教育时，没有起到示范作用和教育作用。

（二）政府"关门开会"

政府机构在整体社会构成中起着非常重要的作用，是国家依照法律设立并享有行政权力、担负行政管理职能的国家机构，是实施国家职能的载体。因此，政府的素养至关重要，它的决策、管理及执行将会对社会各个方面产生重大影响。

政府素养由政府工作人员素养组成，政府工作人员素养是整个政府素养的细胞，因此，政府工作人员的素养将体现出政府素养。而政府素养决定着政府决策的科学性与合理性、政府工作的高效性，以及政府公共服务的公平性和公正性。政府素养偏低会损害政府机构在公民心中的形象与地位，降低公信度，从而使公民对政府失去信任。而公民素养也会对政府素养产生影响，公民素养偏高便会促进政府管理，而公民素养偏低则会阻碍政府管理，两者达到一定程度的协调，才能推动政府管理的顺利进行。可见，政府素养对社会的发展有着举足轻重的影响，而其环境素养的高低对社会生态环境建设有着重要影响，特别是一些与环保相关的机构的环境素养至关重要。

生态环境建设与保护是政府义不容辞的责任与义务，而且政府的工作人员在政策的制定、传达和执行中起着十分重要的作用，其环境素养不仅直接体现政府的环境素养，更直接影响生态环境建设的成效。现阶段，我国正在积极努力进行生态文明建设，无论从国家层面，还是从普通公众层面，均对环境保护的重要性、迫切性达成了共识，并从各个层面积极解决环境问题。但是，我国的生态环境问题仍旧不容乐观，大有愈演愈烈之势，这就要求国家、政府和群众要团结一心，不断从意识形态和实践行为领域进行环境规范。但我国政府机构在认识及解决环境问题上，还存在着“关门开会”的现象。

特别是部分地方官员认为“发展经济”与“保护环境”是矛盾的、对立的，认为发展经济是首要的，环境保护是次要的，认为加大环保力度会影响经济发展。有的政府官员也仅仅是认识到环境污染的严重性，对一些环境方面的政策法规一知半解，不重视、不落实，往往只是口头上表达一下相关的意思就可以了，环境意识薄弱，环境素养不高。好多人还缺乏对大自然应有的尊敬态度，以及主动地解决环境问题的意识和技能。所以，很多政府机构口头上反复强调要“加快调整产业结构、转变经济增长方式、促进又好又快发展”，在实际执行中，国家的有关环保政策却被搁置、忽视。最典型的就是“关门开会”式，即在会议上传达、宣传、号召、要求等一系列“口头意识”，而会后，在实践行为中，依然我行我素。

总之，政府作为社会公共利益的代表和最大的监督管理者，其自身的环境行为有着很强的示范作用，其工作人员具有较高的环境素养将会对我国环境问题的治理产生积极有效的影响。然而，现实的情况是，很多政府相关部门的领导干部和工作人员由于自身的环保意识不强、环保知识严重不足，因而在环境保护宣传及落实方面只是应付国家政策和政令的要求，往往只是口头说说而已，知行不统一，并未切实采取有效、持久的宣传措施和办法，进而造成群众对环境保护的重要性、迫切性缺乏充分的认识。特别是政府中的工作人员是政府的组成部分，是决策者和执行者，决策是否正确、执行是否到位，将对我国生态环境的治理及生态文明建设具有举足轻重的作用。

（三）专家“关门研究”

高校与科研机构是肩负着人才培养、科学研究和服务社会使命的重要社会机构，对社会经济的发展、人口素质提高均起着重要的作用。但现阶段，我国的高校与科研机构在职能发挥方面存在一定的问题，“关门研究”现象突出。一方面，一些研究成果难以转化或被采纳；另一方面，高校与科研机构在发挥职能作用时脱离实际需求，如未能及时提升对地方经济社会创新发展的服务能力，对地方经济社会的跨越发展和创新发展的支撑力有所欠缺。

虽然一些高校与科研机构也积极遵循“资源共享、互利共赢”原则，如提出“不断完善校企合作机制体制。积极寻求地方政府支持，加快大学生科技产业园和创业孵化基地建设，为地方培养应用型人才，积极服务地方经济社会发展。强化应用型科学研究和成果转化，探索产学研用融合发展的技术转移模式，提升服务经济社会发展的贡献度”；“学校主动适应地方经济社会发展需要，积极开展社会服务工作，不断促进社会服务系统的建设和完善，努力推进协同创新”；“为基础教育服务和为地方经济社会发展服务的‘两大服务’办学定位；并在‘十三五’期间学校工作的重点任务中确定了提高服务区域发展水平的任务”；等等。但在环境教育、环境行为、环境意识、环境立法及环境素养方面，仍存在着“关门研究”的问题。

目前，我国在环境教育、环境行为、环境意识、环境立法及环境素养方面的研究工作开展得还是比较多的，而且也取得了一些研究成果。如在中国知网以主题词“环境教育”进行检索时，相关的文献达到了2848篇；以主题词“环境意识”进行检索时，相关的文献达到了2076篇；以主题词“环境行为”进行检索时，相关的文献达到了737篇；以主题词“环境立法”进行检索时，相关的文献达到了888篇，其中“环境保护法”有571篇；以主题词“环境素养”进行检索时，相关的文献相对少一些，仅有87篇。由此可见，我国在环境保护方面的研究工作，特别是环境意识形态提升方面的研究成果还是很显著的，这与我国政府组织、公众环境素养普遍不高形成了鲜明的对比，体现出“关门式研究”对社会的服务、影响没有效果。

（四）公众“关门想象”

公众是环境的主要主体之一，公众的环境素养也直接影响着生态环境的建设与保护。公众环境素养通常是基于其对环境科学知识的有效认知而得以形成的。因此，对环境科学知识的认知水平，往往是分析公众环境素养的首要方面。

经过长期以来相关环境科学及环境保护的普及与宣传教育，我国公众在环境认知上有了较大的进步，主要是通过大众传媒掌握了一些基本的环境科学知识。但整体来看，目前我国公众对环境保护的认知总体呈现高知晓率与低正确率并存的状态，缺乏准确、详细的了解，公众环境素养偏低，环境意识不强，对环境知识与技能不知道、不熟悉。与之相反的是，公众对环境保护的重要性、必要性、紧迫感有较高的认同，同时也表现出较强的责任感，高度关注。这样的情况，使得公众“关门想象”问题较严重，即信息错误、理解偏差、轻信谣言、引发恐慌等问题时有发生，公众对于环境保护宣传与教育主要处于被动接受状态。

在环境价值取向方面，公众对环境保护的重要性及紧迫性有较高的认同，然而在保持经济发展、人们生活水平与环境保护的关系方面，又表现出一定的功利性，往往将环境保护放在次要的位置。

在对环境问题严重性的判定方面，公众所表现出的环境素养也参差不齐，这主要与其环保知识、信息的知晓度及确切含义认知度的高低有关，同时也与其环保信息渠道的多少、使用频率的高低有关。在这一点上，环保知识的认知、环保信息的渠道与对环保普遍严重性判断构成了重要的相互促进关系。但目前，我国在环境主要信息的公布告知上并未做到完全的透明公开，特别是涉及企业污染方面，加之政府信息公布或其他工作不到位，容易引起公众的猜疑。

此外，在公众参与方面也存在着严重的问题。一方面，虽然我国在环保领域一直很重视公众参与，在一系列的法律法规及制度条例中都有明确的规定，但环保领域的公众参与效果并不理想，未能真正发挥预期的作用。在参与环保实践活动方面，公众主动参与实践活动的积极性并不高，往往是被动参与活动。而且公众参与程度也较低，参与的范围有限，参与的人数少，大多是以末端参与为主，缺乏从预案、决策到执行的全过程参与。另一方面，从制度层面来看，我国目前关于公众参与环境管理的各种制度不够完善，从而影响了公众参与环保管理的可操作性与执行性，公众参与环境管理的权利得不到充分发挥，影响了参与的积极性。如在我国的《环境影响评价法》中，针对公众参与就有着明确的规定，但公众参与的范围较窄，缺少话语权，大多是项目直到建设时才征求公众的意见和建议，至于《建设项目环境管理目录》之外的一些重要的规划和建设项目往往就避开了公众参与；公众参与环境监管的介入时间较晚，能够参与的环节也较少；信息公开不健全、不充分，缺乏沟通也是影响公众参与的一个重要因素；公众参与环境管理的反馈机制不健全，对于公众的意见未被采纳时如何处理并未做出强制性规定，使公众参与往往流于形式、效果欠佳，进而使公众对建设项目存在缺少了解、信息不全、沟通不畅等问题，加之这类项目往往又与公众的生活及身体健康息息相关，进而易引起公众的臆测。

公众是环境管理的受益者，也是环境污染的直接承担者。因此，提高公众的环境素养，发挥公众的监督与实践作用，让公众参与环境的管理与建设，对于保护环境将有着积极的促进作用。

第二节　原因分析

一、以经济建设为中心，生态环境建设相对滞后

（一）以经济建设为中心

在中国近代史中，这个古老的农业大国的发展道路充满了曲折，国家经济实力水平较低，综合国力较弱。西方列强的侵略，使中国从一个完全独立的国家成为半殖民地国家；而西方列强的资本主义经济入侵，使中国从一个完全封建的国家成为半封建国家。同时，封建王朝的统治也摇摇欲坠，中国内忧外患。社会的主要矛盾是帝国主义和中华民族的矛盾，是封建主义和人民大众的矛盾，这是由当时的社会性质决定的。

这一时期的矛盾由来已久，也是由中国几千年封建社会的性质决定的。而帝国主义和中华民族的矛盾是新出现的、近代中国比较典型的矛盾，且封建主义是帝国主义在中国的代理人，人们可以通过反封建来反帝，所以两对矛盾中最主要的矛盾是帝国主义和中华民族的矛盾。总之，在这一时期，经济、政治和社会发展极端不平衡，这种不平衡给中国革命和建设带来了巨大影响，制约着中国革命和建设的道路。当时的国情决定了我们的根本任务就是要推翻帝国主义、封建主义和官僚资本主义的统治。

新中国成立以后，这个古老的民族迫切地渴望发展，发展经济，发展社会，增强实力，提高国力，渴望建立一个强大的新社会。当时，在生产力落后、商品经济不发达的背景下，我国依据基本国情设定了建设社会主义必然要经历的特定阶段，即社会主义初级阶段，并且将长期处于这一阶段，这是我国的最基本国情。所谓初级阶段，就是不发达阶段。并且这种不发达不是表现在一两个方面或领域，而是表现在经济、政治、文化生活的各个方面或领域，是一种整体的不发达。社会主义初级阶段是从社会性质和社会发展阶段上对中国国情所做的总体性、根本性判断。建设和发展中国特色社会主义必须从中国实际出发。

在社会主义初级阶段，中国政治、经济、文化和社会生活各方面都存在着诸多的问题，甚至存在着比较严重的矛盾，并且阶级矛盾在一定范围内还长期存在。但是，中国社会的主要矛盾会贯穿中国社会主义初级阶段的整个过程和社会生活的各个方面。立足于基本国情，面对主要矛盾，集中力量进行中国特色社会主义现代化建设是我国的根本任务。

鉴于当时的基本国情，党中央做出了中国还处于社会主义初级阶段的科学论断，并以此为基础明确概括和全面阐发了“一个中心、两个基本点”的基本路线。1987 年，在中国共产党第十三次全国代表大会上确立了党的基本路线的核心内容。这一中心的确立，是在对我国社会主义建设经验教训科学总结的基础上做出的正确选择，是社会主义的本质要求。党的基本路线是根据我国社会主义初级阶段这一基本国情而制定的，其内涵十分丰富，它包括我国社会主义现代化建设的领导力量、依靠力量、中心任务、政治保证、直接动力、外部条件、基本方针和奋斗目标。2017 年 10 月，中国共产党第十九次全国代表大会通过的《中国共产党章程》再次重申了党的基本路线。概括起来还是“一个中心、两个基本点”。同时指出，这是相互联系、相互依存、不可分割的整体，必须始终坚持、一以贯之。

毛泽东同志说：“政策和策略是党的生命。”党的基本路线就是总的政治路线，党的政治路线决定着政策和策略。党在社会主义初级阶段的基本路线是决定党和国家前途命运的生命线。

以经济建设为中心是兴国之策，是国家兴旺发达和长治久安的根本要求。马克思主义认为，生产力的发展决定人类社会的发展。社会主义现代化必须以先进发达的生产力为基础。我国正处于并将长期处于社会主义初级阶段，解放和发展生产力始终是社会主义建设的中心任务。发展要首先发展经济。国家昌盛和人民富裕，归根结底是由经济实力决定的。国际竞争，说到底也是经济实力的竞争。一个国家，只有拥有强大的经济实力和综合国力，才能实现国泰民安，人民的生活才能不断改善，国家才能在国际格局中占据更加有利的地位。把发展作为党执政兴国的第一要务，其他各项工作都必须服从和服务于经济建设这个中心。离开经济建设这个中心任务，中国特色社会主义的发展就失去了物质基础。

2018 年 12 月，习近平在庆祝改革开放 40 周年大会讲话上指出，我国实行改革开放 40 年以来，始终坚持以经济建设为中心，不断解放和发展社会生产力，国内生产总值上升速度较快，年均实际增长 9. 5%，远高于同期世界经济 2. 9%左右的年均增速。我国国内生产总值占世界生产总值的比重也在不断增加，由改革开放之初的 1. 8%上升到 15. 2%，多年来对世界经济增长贡献率超过 30%。我国货物进出口总额大幅度上升，从 206 亿美元增长到超过 4 万亿美元，累计使用外商直接投资超过 2 万亿美元，对外投资总额达到 1. 9 万亿美元。我国主要农产品产量大幅度增加，现已跃居世界前列，并建立了全世界最完整的现代工业体系，科技创新不断升级，建设完成了诸多重大工程。我国基础设施建设成就显著——信息畅通、公路成网、铁路密布、高坝矗立、西气东输、南水北调、高铁飞驰、巨轮远航、飞机翱翔、天堑变通途。如今，我国是世界第二大经济体、制造业第一大国、货物贸易第一大国、商品消费第二大国、外资流入第二大国，我国外汇储备连续多年位居世界第一。经过几十年的不懈努力，我国的社会经济发展取得了重大成就，以“经济建设为中心”成效显著，真正实现了国富民强。

（二）生态环境建设相对滞后

随着社会经济快速发展，我国的社会经济水平得到了很大的提升，综合国力越来越强。但我国的生态环境问题却越来越严峻，而且我国的生态环境问题表现出复合性、压缩性与累积性的特点，在城镇化、工业化、全球化发展的道路上，我国用了几十年的时间就基本完成了发达国家上百年的历程。我国疆域辽阔、区域间差距相对较大，存在着自然环境本底脆弱和地区发展不均衡的问题，发达国家上百年逐渐呈现出的环境问题，我国则是在几十年的时间里密集涌现出来。与此同时，与社会经济发展相对应的是，我国生态环境建设的道路同样艰难。

在近代，我国是一个半封建半殖民地国家，政治、社会及经济发展受到了严重限制，社会经济综合水平低下，生态环境保护与建设几乎是空白。新中国成立后，党和国家在生态环境建设方面也进行了大量的工作。20 世纪 70 年代早期，我国开始出现较为严重的环境污染及生态破坏事件，进而出现生态环境恶化，至此，我国的环境管理工作逐步展开。1973 年 8 月，《关于保护和改善环境的若干决定》（以下简称《决定》）提出了“全面规划、合理布局、综合利用、化害为利、依靠群众、大家动手、保护环境、造福人民”的环境保护方针，将全面规划放在方针之首，明确了环境规划在各项环境管理制度中的主导地位。

1978 年，国务院环保领导小组工作汇报指出，我国进行社会主义建设、实现四个现代化的一项重要内容就是消除污染、保护环境，决不能走“先污染后治理”的弯路，明确要将生态环境的预防保护放在首要位置，表明了我国高度重视环境保护，开始将环境保护放在重要地位。此后，“六五”期间，除第一个“国家环境保护 10 年规划”外，我国并未完成环境保护五年规划文本的编制。

1996 年 7 月通过的《国家环境保护“九五”计划和 2010 年远景目标》是国家环保五年计划第一次经国务院批准实施。“九五”计划是贯彻落实《决定》中“一控双达标”的重要依据，要求重点抓好“三河”“三湖”“两控区”“一市”“一海”的污染防治工作，简称“33211”工程。我国推出“九五”期间全国主要污染物排放总量控制计划和中国跨世纪绿色工程规划两项重大举措，将污染防治与生态保护有机统一在实际工作中，这在一定意义上也可以认为是对“七五”“八五”环保计划的创新和突破，我国的生态环境保护开始迈上新台阶。

进入21世纪，我国的生态环境建设工作进入了一个崭新的历史时期。党和国家高度重视环保工作，2005年，在“十一五”环保工作思路汇报会议上确定正式颁布并印发《国家环境保护“十一五”规划》（以下简称《“十一五”规划》）。《“十一五”规划》实现了由传统的GDP增长和总量平衡的规划向更加注重区域协调发展和空间布局、发展质量的规划的转变，体现出环境保护的历史性转变。

党的十八大以来，我国在生态环境治理方面采取了一系列的措施，针对污染防治出台了许多办法与制度。长期以来，不断加大环境保护力度，使得我国的生态环境得以改善。国务院于2016年11月印发了《“十三五”生态环境保护规划》（以下简称《“十三五”规划》），以提高环境质量为核心统筹部署“十三五”期间生态环境保护的全局工作，提出生态环境保护总体目标是到2020年实现生态环境质量得到总体改善，主要任务是全面开展大气、水及土壤的污染防治。将环境质量改善与污染物减排、生态规划、环境风险管控等工作有机结合，将环境质量的提升作为评价标准和核心目标。分级落实治理目标和任务，具体到各个地区、流域、城镇和其他管控单元，实行环境质量管理的具体化、精细化、清单化。

《“十三五”规划》中将以前的“环境保护”的提法转变为“生态环境保护”，实现了环境保护与生态保护建设的统筹兼顾。在规划思路上，坚持将改善生态环境质量、加强环境治理为目标，将三大计划的规划路线图转变为施工图，贯彻环境质量管理的思想。在任务设计上，实行分区分级管理，将全国水环境划分为1784个控制单元，对不同单元逐个提出明确目标和具体要求；对于京津冀、长三角和珠三角三个重点区域，针对各自大气污染现状分别提出治理目标与任务。《“十三五”规划》把绿色发展和改革作为重要任务，改变以往规划作为保障体系的惯例，显著强化绿色发展与生态环境保护的联动，坚持从发展的源头解决生态环境问题。另外，规划提出了数十项重要的政策制度改革方案，用改革保障规划的实施，通过规划的实施促进改革的推进。

此后，我国将生态文明建设列入中国特色社会主义建设“五位一体”总体布局中，陆续提出“建立系统完整的生态文明制度体系”“用严格的法律制度保护生态环境”，确立了“绿色发展”的新理念。我国生态环境保护从认识到实践发生了历史性、全局性的巨大变化。党的十九大报告指出，“建设生态文明是中华民族永续发展的千年大计。必须树立和践行绿水青山就是金山银山的理念，像对待生命一样对待生态环境”。习近平总书记表示，“坚定走生产发展、生活富裕、生态良好的文明发展道路，建设美丽中国，为人民创造良好生产生活环境，为全球生态安全做出贡献”。

整体来看，我国的基本国情决定了我国将长期处于社会主义初级阶段，以经济建设为中心，是国富民强的主要途径。自新中国成立以来，我国的社会经济得到了快速的发展，人民生活水平大大提升，综合国力显著增强。但与之相反的是，我国的生态文明建设则相对滞后，虽然前期也有一些相关的规划、法规、政策及实践等，但与对经济建设的重视相比相去甚远。真正对生态环境建设与保护高度重视的时间并不长，主要是从党的十八大开始，才明确提出生态文明建设的重要性和必要性，将建设美丽中国、实现中华民族永续发展作为生态文明建设的目标。

所以，我国的生态环境问题是严峻的、复杂的，是长期的复合、压缩和累积的问题。而针对环境问题的认识和实践过程，也是一个长期、缓慢的发展过程。特别是在环境问题的准确认识与应对上，无论是国外，还是在国内，都经历了一个长期的转变过程。在初期，人类认为环境问题的产生是技术问题，即人类的治理环境的科学技术水平不够高，解决的途径就是大力提高治理污染的科技水平。此后，生态环境问题并未得到有效解决，甚至在一些区域、一些领域越来越严重，人类这时又认为环境问题的产生是经济问题，试图用经济的手段来解决，同样收效甚微。

总之，在这样的大背景下，协调好经济发展与生态环境保护间的关系，是一项十分艰巨的任务。长期以经济建设为中心，对资源环境的依赖、开发及破坏都很大，而对生态环境的建设与保护认识及实践严重滞后。所以，当前我国的公民环境素养较低，甚至一些环境相关部门、政府组织、专业人员及管理者的环境素养也不是很高。

与此同时，这一现象还将会持续一定的时间。因为，从目前来看，我国现阶段虽然已经开始重视生态环境的保护与建设，但多集中于“末端治理”，比如对已经产生的污染进行治理，对违法违纪的企业或个人进行处罚。对人口环境素养方面的重视程度还远远不够，具体的实践行为缺失严重，忽略了环境问题的“源头治理”，即对人的环境素养的提升。

二、环保法律法规不健全，执行困难

（一）规律与规则的关系

在环境科学的研究中，对人类影响较大的规律主要有五类，分别是自然规律、社会规律、经济规律、技术规律和环境规律。这五大规律按照人类智力行为的界限可分为两组：非智力行为规律，即自然规律；人类智力行为规律：社会规律、经济规律、技术规律以及环境规律，它们分别是人类社会行为、经济行为、技术行为规及人与环境相互作用的规律。在实现重大战略目标时，人类的行为必须同时遵循这五类规律，达到五律协同才会实现既定目标。

一般而言，在实现重大目标时，人类往往要受到一种或几种规律的作用，这些作用力又有三种状态：协同（规律的作用方向与目标一致）、拮抗（规律的作用方向与目标相反）和偏离（规律的作用方向偏离预期目标）。由此可以看出，协同是实现目标的动力，拮抗是实现目标的阻力，偏离是实现目标的离心力。

需要说明的是，规律作用的状态与人类实现目标的方式息息相关，采用的方式不同，则规律作用的状态亦不同。人类在实践活动中都要受到规律的作用，为实现既定目标，需寻求最佳的方式，促使各类相关规律都是协同的状态，是实现目标的动力。因此，人类在实现重大战略目标时，一般会同时受到五类规律的作用，必须探索一种途径，使五类规律的作用都成为协同者，从而使五类规律都成为实现目标的动力，这种状态称为“五律协同”。

在这里，我们还要明确什么是“规律”。规律亦称法则，是客观事物发展过程中的本质联系，是事物本身所固有的、深藏于事物背后并决定或支配现象的内在因素。规律具有客观性，人不能创造出规律，也不能消灭规律，规律是事物的固有属性；规律具有隐蔽性，深藏于事物背后，通过感官无法感知，只有上升到了理性认识，人类才能了解规律；规律具有普遍性，相同的事物就有相同的规律，只要此类事物存在，则它相应的规律就存在；规律具有稳定性，事物的外在形态会不断变化，但内在的规律是不变的，只要条件满足，规律就会反复发挥作用；规律具有严肃性和强制性，是客观存在的，任何事物都不能违背规律，包括人类也必须遵循规律；规律具有适应性，适应特定规律起作用的条件也是特定的，当特定条件发生改变时，规律相应地也就可能发生改变。

由规律的特性可知，环境科学中的环境多样性、人与环境和谐都具有普适规律的典型特征。前者是人类与环境相互作用的基础规律，后者则是核心规律，它们构成了环境规律的基本内容。

与规律相对应的是规则。规则与规律有着本质的区别，规律是客规事物本身所固有的；而规则是人为规定的，是为规范人类的行为而规定的伦理道德、规章制度、法律条例、标准规范等的总和。

规则可细分为以下几种：社会规则是调节和规范人们的社会关系和社会行为，使人类社会活动有序化的规则的总和，主要由风俗、习惯、时尚、道德、纪律、法律、规章制度、宗教教义等组成；经济规则是规范人们经济关系和经济行为，使人类经济关系和经济活动有序化的规则的总和，主要由生产关系、市场规范等组成；技术规则是规范人类技术行为的规则，主要有行业技术标准、产品质量标准、工艺规范等；规范人类环境行为的规则统称环境规则；自然规律也叫自然法则，是一种由大自然“制定”、物质世界非智力行为的规则。而自然、社会、经济、技术、环境等规则一起组成与五类规律相对应的五类规则。

综上所述，人类的行为往往会同时受到规则和规律的制约，制定的规则、固有的规律人类都得遵守。规则与规律既有区别又有联系。人类的实践发展历程已经证明，顺应规律而制定出的规则将是事物发展的动力，偏离规律而制定出的规则将是事物发展的离心力，背离规律而制定出的规则将是事物发展的阻力。众所周知，市场是配置资源的有效手段，而我国早期的计划经济体制就违背了这个规律，从而制约了经济的发展；市场经济体制恰恰相反，它顺应市场规律，从而促进了经济的发展。

而法律法规就是一种人为制定的规则，指中华人民共和国现行有效的法律、行政法规、司法解释、地方法规、地方规章、部门规章及其他规范性文件以及对于这些法律法规的不时修改和补充。法律有广义、狭义之分。广义上讲，法律泛指一切规范性文件；狭义上讲，法律仅指全国人大及其常委会制定的规范性文件。在与法规等一起谈时，法律是指狭义上的法律。法规则主要指行政法规、地方性法规、民族自治法规及经济特区法规等。

法律法规对规范人类行为、维护社会稳定有十分重要的作用。

（1）法律法规具有明示作用。法律法规的明示作用主要是以法律条文的形式对人们的行为做出规定，什么可为，什么不可为；哪些行为是合法的，哪些行为是违法的；违法后会受到哪些制裁，制裁的方式、力度等。法律的明示作用主要通过立法和普法工作来实现。这种作用是实现知法和守法的基本前提。

（2）法律法规具有预防作用。对于法律法规的预防作用主要是通过法律法规的明示作用和执法的效力以及对违法行为的惩治力度的大小来实现的。法律的明示作用可以使人们规范言行，在日常的活动实践中，明确什么是可以做的、什么是绝对禁止的、触犯了法律应受到的法律制裁是什么、违法后能不能变通、变通的可能性有多少等。这样，人们在日常的具体活动中，就会根据法律的规定来自觉地调节和控制自己的思想、言语和行为，从而有效避免违法和犯罪现象的发生。严格、及时、有效地执法也可以警示人们：违法必受罚，受罚不可变通。这样可以在每一个人的心底建立起一道坚不可摧的思想行为防线。只有这样才能做到有令必行、有禁必止，收到欲方则方、欲圆则圆的良好规范效果。

（3）法律法规的校正作用，也称为法律法规的规范作用。校正作用是法律法规的又一作用，法律具有强制性，可以通过法律的强制执行力来强行校正人们在社会活动中的一些行为，使之回归到正常的轨道上来。如对触犯了法律的犯罪分子所进行的强制性的改造，使其违法行为得到了强制性的校正。

（4）法律法规具有扭转社会风气、净化人们的心灵、净化社会环境的社会效益。通过制定完善的法律法规，可有效地理顺、改善和稳定人们之间的社会关系，提高整个社会运行的效率和文明程度。一个真正的法制社会应该是一个高度秩序、高度稳定、高度效率、高度文明的社会。这也是法制的最终目的和最根本的作用。

因此，以保护环境为出发点，以构筑人与环境的和谐发展为目标，人类应该遵循规律，制定出相应的规则，即制定相关的环境法律条文和政策法规。

（二）我国的相关环境立法现状

针对生态环境保护与治理，我国先后制定和出台了一系列有关环境保护的法律条文和政策法规。“环境法是由国家制定或认可，并由国家强制保证执行的关于保护环境和自然资源、防治污染和其他公害的法律规范的总称。”“自然资源法是调整人们在开发、利用、保护和管理自然资源过程中发生的各种社会关系的法律规范的总称。”

目前，我国现有的环境与资源保护的主要法律法规及制度主要有：

（1）环境保护方面：《环境保护法》《水污染防治法》《大气污染防治法》《固体废物污染环境防治法》《环境噪声污染防治法》《海洋环境保护法》等。

（2）资源保护方面：《森林法》《草原法》《渔业法》《农业法》《矿产资源法》《土地管理法》《水法》《水土保持法》《野生动物保护法》《煤炭管理法》等。

（3）环境与资源保护方面：《水污染防治法实施细则》《大气污染防治法实施细则》《防治陆源污染物污染海洋环境管理条例》《防治海岸工程建设项目污染损害海洋环境管理条例》《自然保护区条例》《放射性同位素与射线装置放射线保护条例》《化学危险品安全管理条例》《淮河流域水污染防治暂行条例》《海洋石油勘探开发环境管理条例》《陆生野生动物保护实施条例》《风景名胜区管理暂行条例》《基本农田保护条例》等。

（4）环境制度方面：环境保护制度主要包括环境规划制度、环境保护统一监督管理制度、环境影响评价制度、环境保护责任制度以及公民参与制度等。

以上这些法律法规和制度，对我国生态环境保护与建设意义重大，并且取得了显著的成效。提升了人们的环境保护意识，减少人类社会生产活动对环境的破坏和资源的恶意消耗；作为具备强制执行力的制度，对生态文明和谐发展起到根本的保障作用；有利于调整产业结构，有利于科技创新，促进经济可持续发展。

总之，相关环境法律法规和制度的确立和实施，功在当代，利在千秋，对于全人类的生存和发展有着重要的影响。我国应该重视环境保护法的实施和完善，努力提高全民的环保意识，规范公民的行为，以确保生态环境与经济共同发展，进而实现可持续发展。

与此同时，我国现行的环境法律法规也存在着诸多的问题。有的问题“无法可依”，有的问题“有法不依”。“难执行，不执行”现象普遍。例如，1979 年开始实施的《环境保护法（试行）》，是我国首部环境保护基本法律。该法的主要目的是倡导企业在生产过程中防治污染和其他公害，为社会主义现代化建设保驾护航。该法 33 条中仅有 1 条笼统地规定了法律责任，属于宣言性立法。这主要是因为在改革开放初期，我国以经济发展为第一要务，而当时的生态环境问题相对尚不突出。环境执法面临多重困境，环保部门执法无力，对污染致害的企业进行批评都要报经同级人民政府批准，而政府部门往往并未将环境保护作为第一要务来考虑，最终的结果可想而知。进入20世纪80年代后半期，我国的生态环境问题日益严峻，《海洋环境保护法》《水污染防治法》《大气污染防治法》《环境保护法》相继通过，立法被重视，进程开始加快。但仍然有诸多的遗憾，如《环境保护法》第四条明确提出了协调发展理念，即环境保护工作同经济建设和社会发展相协调，也就是在环境保护和经济发展的关系上，协调的落脚点依然是以经济发展为核心，各级地方政府和企业也将经济效益放在首位，以牺牲环境资源来换取经济发展，以至于后期环境执法偏软、无力，环保执法常常处于尴尬境地。进入21世纪后，在可持续发展观的指导下，我国进行了大量的环境立法，这些立法强调污染的全过程治理、环境民主等先进理念，体现了“人与自然和谐相处”的法律精神，被称为第二代环境法。但是，在实际执行中依然困难重重。一些地方政府还是过于重视经济发展和GDP成绩，环境法制观念淡薄，将经济效益与政绩挂钩。这主要是因为经济效益往往见效较快，而生态效益则缓慢得多；经济发展可为地方财政带来经济收益，而生态建设则往往需要大量的投入。另外，一些地方领导注重招商引资而忽视环境的负面效应，许多引进的项目反而造成新的严重污染。而企业更是以经济效益为先，环境保护与治理意识淡薄，环境责任意识不强，对相关的环保法律时常置若罔闻。

总之，我国的环境保护立法起步较晚，在发展过程中还存在着诸多问题，有的法律甚至在很长一段时间内从未被执行过。在这样的大背景下，针对环境主体“人”，我国现阶段专门的环境教育制度及环境教育法律也是缺失的。

（三）我国的环境教育相关立法现状

众所周知，公民环境素养的提升是生态文明建设的根本和重要途径，是实现人与自然可持续发展的关键因素，也是衡量社会进步与文明程度的重要标尺。如今公民对环境领域日益关注，对其担忧日渐加重，危机意识逐日增强。而与之相反的是，公民的环保素养和行为意识普遍偏低，而这一片“洼地”与公民高度的关注、担忧形成了鲜明的对比，存在明显的断层。

环境问题是由人产生的，而解决也要靠人，可见这两方面主体都是“人”。而整个人类生态环境治理的历程也已经证明，对生态环境的保护与治理，先进的技术与方法并不是关键，关键是人类要有可持续发展的理念。如果我们每个人都有很高的环境素养，那么无论是政府部门的决策者或管理者，还是企业的生产经营者，或是普通的公民，那么他在日常的工作和生活中，都会有很强的保护环境意识，有很高的社会责任感，这样我们的许多环境问题就会减轻、减少甚至消失。此外，在相关的环境法律法规及制度方面，也是人在制定，人在实施，所以“人”在其中的作用和意义是巨大的。

环境教育对环境素养的提升有着非常重要的作用，环境教育立法所具有的价值和意义也越来越受到社会各界的高度重视。而目前，我国的相关环境教育立法是缺失的，即便有相关的条例或制度等，也是个别省份或地区有，而且执行效果不理想。当前的环境教育内容依然是以宣传环境科学知识为主，对于环境伦理的宣传缺乏，未在公民心中树立爱护环境、敬畏环境法律的观念。

我国《环境保护法》第五条对环境教育做出了规定：“国家鼓励发展环境保护科学教育事业，加强环境保护科学技术的研究和开发，提高环境保护科学技术水平，普及环境保护的科学知识。”但是该条规定仅限于“科学”知识教育，而环境教育是知识、意识、行动、素养等方面的综合，因此这一原则规定难以对环境教育发挥指导作用。《中华人民共和国教育法》是我国教育领域的基本法，但是，该法侧重于学校教育，对学校环境教育没有涉及，尤其是对非隶属于学校教育范畴的社会化环境教育，难以发挥指导作用。

除此之外，我国现阶段的环境教育规范均是以政策、指南形式存在的。国务院环境保护领导小组与有关部门于 1980 年 5 月共同制定了《环境教育发展规划》，并作为国家教育计划的重要内容；1995 年国家环保总局制定的《中国环境保护 21 世纪议程》指出，保护环境成为中国的一项基本国策，加强环境教育是贯彻基本国策的基础工程，提出了“环境保护，教育为本”的基本理念；国家环保局、中宣部和国家教委于 1996 年颁布《全国环境宣传教育行动纲要（1996~2010 年）》，为全面普及环境教育提供了重要支撑；教育部于 2003 年颁布了《中小学环境教育实施指南》等。目前，一些省份或地区也相继出台了一系列“环境教育条例”，如广东、宁夏及天津等。

鉴于目前日趋严峻的环境形势，亟须掀起一场全社会的思想变革，以彻底扭转人与环境的关系，解决生态伦理和环境价值等问题，形成新的价值体系；同时生态文明建设要求在意识、行为、制度方面的协同推进，需要通过系统的理论加以指导，通过科学的方法给予保障。这些都离不开环境教育。以法律法规的形式将其确立下来，不仅能为生态文明建设，而且能为提升全民环境素养提供制度层面的保障。

三、工业企业以经济利益为重，环保责任与义务缺乏

工业在我国经济发展中发挥着重要的主导作用，工业企业作为从事工业性生产经营活动（或劳务）的营利性经济组织，是国民经济体系中的基本组织，是社会商品生产活动的主要承担者，工业企业对我国社会经济的发展有非常重要的作用。

随着工业化的飞速发展，我国工业企业的数目快速增加。截至 2017 年，我国按主要行业分法人单位数达 22009092 个，远远高于 2005 年的 5647823 个，增加了 290%。其中，从大中型工业企业按行业数目来看，煤炭开采和洗选业，农副食品加工业，食品制造业，纺织服装与服饰业，皮革、毛皮、羽毛及其制品业，化学原料和化学制品制造业，橡胶和塑料制品业，非金属矿物制品业，黑色金属冶炼及压延加工业，电气机械及器材制造业等企业个数较多。工业所产生的国内生产总值从 1978 年的 1621. 5 亿元增加至 2017 年的 279996. 9 亿元，在国内生产总值构成中，工业占 33. 9%。

（1）在能源生产与消费方面。2017 年，我国原煤、石油、天然气、一次电力及其他能源占能源生产总量的比重分别为 69. 6%、7. 6%、5. 4%、17. 4%，而在 1978 年，该比重分别为 70. 3%、23. 7%、2. 9%和 3. 1%。由此可见，煤炭所占比重变化幅度不大，其仍然是我国主要的能源来源；石油比重下降相对明显；一次电力及其他能源所占比重有所上升。而在能源消费总量方面，我国原煤、石油、天然气、一次电力及其他能源占能源消费总量的比重分别为 60. 4%、18. 8%、7. 0%、13. 8%，在 1978 年，该比重分别为 70. 7%、22. 7%、3. 2%、3. 4%，煤炭消费虽有所下降，但可见我国仍然是一个煤炭消费大国。

（2）在工业能源消费方面。2016 年，我国工业能源消费达 290255 万吨标准煤，占全国能源消费总量的 66.6%，其中，采掘业的煤炭开采和洗选业，石油和天然气开采业等耗能最高；制造业的农副食品加工业，纺织业，造纸和纸制品业，石油加工、炼焦和核燃料加工业，化学原料和化学制品制造业，黑色金属冶炼及压延加工业，有色金属冶炼及压延加工业等耗能最高；此外，电力、热力生产和水的供应业耗能也很高。

（3）在工业污染与治理方面。在工业化快速发展的同时，其所带来的环境污染问题也日趋严峻。2017 年，我国工业废水排放量达 6996610 万吨，二氧化硫 875.4 万吨，氮氧化物 1258.83 万吨，烟（粉）尘 796.26 万吨。环境污染治理投资总额占国内生产总值比重仅为 1.15%，比 2013 年的 1.52%还有所下降。其中，工业污染源治理投资总额为 681.5 亿元，而 2013 年为 849.7 亿元，也有所下降。

企业以盈利为目的，工业企业亦不例外。产生最大的经济效益一直是工业企业的目标，而工业企业也是我国经济快速增长的主要支柱，但目前很多的环境问题都是由工业化生产所带来的，而且大量环境问题的相关指控也是针对工业企业的。工业企业能源消耗大，而且污染严重。对水体环境的污染绝大多数均是由于工业企业生产建设所致。城市污染和农村污染绝大部分都与工业企业行为或产品品质相关，如城市区域的噪声、电子垃圾、机动车船尾气以及室内建材污染等问题；再如我国农村耕地污染较严重，其中有一部分就是由工业化生产所产生的重金属污染，恢复、治理很困难。如今，因企业环保意识不高或管理不善造成的重特大环境事件屡有发生，严重危害了公众的身体健康，也对我国的生态安全造成了严重威胁。

目前，我国企业家对环境问题的认识水平参差不齐，环境素养水平高低不等，但整体水平仍然较低，虽然部分企业家已经认识到环境问题，但总体上环境保护并未受到足够的重视，采取相应措施的更是少数。企业还是以经济效益为主，环境保护的责任与义务缺乏。有关专家学者对中国企业社会责任发展历程的研究表明，改革开放以来，在社会责任认知、内容维度、推进主体、制度供给、驱动逻辑、管理模式、实践范式、创造价值效应以及与社会发展的关系等方面，我国的企业都取得了很大进展。然而，纵观中国企业社会责任 40 年的探索历程，表现出一些亟待解决的问题，主要体现在：企业社会责任认知有待进一步深化、社会责任管理能力有待加强、社会责任行为异化现象有待治理。这些现象在环境责任与义务的承担上表现得更为突出。

虽然，企业的主要责任就是能为社会提供安全适用的产品和高效优质的服务，同时获得自身利益最大化。但我们深知，整个社会经济的发展本身就是一个相互影响、相互依存的利益共同体。在这个共同体中，每一个组成部分与其他部分都是相互联系、相互制约和相互作用的，生态环境与社会经济环境是一个有机的整体。社会生活通过造成的环境污染影响自然环境；而经济生产也通过生产废气、废水、废渣等对自然环境造成污染；同时，自然环境又为经济生产提供可利用的资源与能源，为社会生活提供生态需求；经济生产和社会生活更加密不可分，经济生产为社会生活提供经济收入，社会生活向经济生产提出消费需求。所以，社会、经济与环境都必须在适当的管理与监控下，形成有序而相对稳定的统一体。

这就要求企业在考虑自身利益的同时，还必须考虑社会整体利益，必须承担起相应的社会责任和促进社会和谐与可持续发展的义务，这种社会利益含有道德因素，是一种社会责任，同时也是自律责任，还会促进企业的发展。只有在谋求自身经济利益的同时，担负起保护环境的责任与义务，才能更好地规范企业自身的环境行为，这是现代可持续经济发展的必然要求，进而对于深刻理解“创新、协调、绿色、开放、共享”的五大发展理念以及实现经济与社会的高质量发展具有重要的理论意义与现实价值。

四、城镇化及社会其他因素的影响

通过研究与实践，人们对素养有了一些共同的认识。首先，先天素养和后天素养是人的素养的两个主要组成部分。其中，先天素养是一种内在素养，其最初以隐性形态存在，因而必须考虑其定位和开发。开发就是使用恰当的方法激活潜在形态的内在素养，外显为一种行为素养。定位和开发有特定的对应关系，通过艺术教育来开发右脑就是比较典型的例子。后天素养是一种内化素养，可以通过教育的手段来提高。

其次，人的素养是一个体系。内在素养变化较慢，其构成要素的可塑性也不尽相同，存在个别性和差异性。内化素养可以通过后期建构，但是在内在素养的基础上进行的，因此，在一定程度上会制约或影响内在素养系统，所以会有个别性和差异性。因此，人的素养模式通常会呈现出多元化和个性化。

再次，人的素养体系的构成要素都是具体的。内在素养和内化素养都需要“开发”和“化”，最终个体才有可能具备某一方面的素养。因此，素养提升是一个动态的、发展的、具有层次结构的体系，是主观条件（教育素养）和主体努力统一构建的过程。

最后，人的素养模式建构是一个长期发展的过程。人的素养模式建构是终生的，并不是一个短期的过程。因此，在人的素养模式建构过程中，不同的思维方式、学习方法、宗教信仰、人生观、价值观及世界观等都会对其产生巨大影响。

因此，我国公众的环境素养存在问题的原因，除了上述所提到的三大类主要原因外，还有其他一些影响因素，如城镇化发展、文化水平、宗教信仰、收入水平以及个体差异等。

（1）城镇化速度加快。加快推进新型城镇化是当前党中央做出的重大战略部署，截至 2017 年底，东部、中部、西部以及东北四区域城镇化率分别为 67.0%、54.3%、51.6%和 62.0%，城区人口由 2011 年的 35425.6 万人增加到了 40975.7 万人，增加了 15.7%，其中城区暂住人口数量增加十分显著，由 5476.8 万人增加至 8164.1 万人，增加了 49.1%。一方面，城镇化的快速推进，社会经济水平的整体提升，使居民的物质生活和文化生活都有了翻天覆地的变化，但在城市飞速发展的同时，受到经济利益的驱使，人们在处理经济与环境的关系时，往往都将经济放在首位。另一方面，大量外来人口进入城市，成为城市的新市民。这部分居民来自农民的一部分，他们从事非农产业、靠工资收入维持生活，是典型的生活在城市但具有非城镇居民身份的非农业人员。他们在工作方式及生活方式上都发生了较大的改变，而且他们也为城市的建设与发展做出了突出贡献。但这些城市新市民也存在着一些环境素养问题。首先，这部分市民思想观念更新慢。离开农村进入城市，他们通常需要一段较长的适应期，思想观念转变较慢，社会公德意识及法制观念意识比较薄弱。很多农民虽然表面上转变为市民，但城市主人翁精神不足，集体观念较弱，民主法治意识有所欠缺。其次，科学文化素养不高。研究表明，农民环保意识的形成与个人的受教育程度呈正相关。这些城市居民来自农村，以前主要以农业生产为主，所以文化程度一般不高，思想意识比较保守、陈旧，在政治素养、思想素养、道德素养及业务素养等方面较欠缺。最后，环境保护意识较差。农民能否真正融入城市生活主要体现在思想意识和行为举止上，而意识、文明行为习惯的养成是一项艰巨的任务。外来人员的环境教育也是缺失的，因此，在环境意识、环境认知、环境行为等方面存在严重的不足，环境素养偏低。

（2）公众文化水平参差不齐。在有关公众环保意识影响因素的研究中，大多数学者都将受教育情况作为主要影响因子。相关研究成果显示，我国70%以上的青少年的环保知识主要来源于学校教育。学校的环境教育对青少年环保意识的形成发挥着极为重要的作用。研究表明，公众的受教育水平与其环保意识之间呈正相关性，公众受教育程度不同则其对国内外相关环境动态的关注度也不同，进而影响其环境态度和环境行为。通过分析和对比生态价值观、环保行为倾向与受教育程度之间的相关关系，发现教育对增强公民环保意识发挥着重要作用。进入21世纪以来，我国教育事业发展非常迅速，截至2016年底，我国各级各类学校达15.2万所，我国公众的文化水平也有了很大的提升。特别是在扫除文盲方面取得了显著成效，文盲总量和成人文盲率显著下降；我国现有的文盲主要分布在农村地区，而农村初等教育的普及最大限度地减少了新生文盲；大力扫除妇女文盲，为从根本上提高妇女素质奠定了基础；少数民族地区扫盲教育有了较大的发展，成绩显著。2017年，全国文盲人口（指15岁及以上不识字及识字很少人口）占15岁及以上人口的比重为4.5%，其中男性占2.42%，女性比例偏高，占7.34%，整体来看我国文盲人口数量越来越少，人口文化水平有了很大的提高。但有的地区文盲人口比重还是较高，特别是在一些不发达的地区，如文盲人口占15岁及以上人口的比重云南为8.39%，贵州为10.11%，甘肃为9.17%，青海为9.63%，而西藏则高达34.96%，女性更是高达42.76%。所以，在这些区域，公众受教育水平相对处于较低的层次，而且女性受教育水平普遍要低于男性，人口文化水平较低。

（3）经济收入对环境素养的影响。现有的相关研究已经证实，经济水平是影响居民环境素养的主要因素之一。如在对农民环境素养进行研究时发现，农村经济发展相对滞后会导致农民环保意识薄弱。此外，人均月收入和家庭月均收入也会对公众的环境素养产生影响，在某种程度上，这两个指标均与公众环境意识呈显著的正相关关系。即公众的环保意识会随着其收入的增长而不断提高，家庭收入较高的公民，环保知识更多，环保意识更强。而目前，我国居民生活水平都有了显著的提高，但同时也存在贫富差距较大、区域差距较大等现象。2017年，我国农村贫困人口有3046万，贫困发生率为3.1%。而在2010年，我国农村贫困人口有16567万，贫困发生率达17.2%。虽然我国贫困人口总数有了明显下降，但人数相对来说还是比较多的，达到了3000多万。

第五章　环境素养提升策略

一、高度重视环境素养，继续加强环境保护教育

（一）从国家到地方均要高度重视环境素养的提升

当前，我国高度重视生态环境的建设与保护，从国家到地方都出台了一些政策措施，特别是党中央、国务院高度重视生态文明建设，提出社会经济发展的同时，还要增强全社会生态环境意识，牢固树立绿色发展理念，坚持“绿水青山就是金山银山”重要理念。加强环境宣传教育工作，全面贯彻党的十八大以来各届全会精神，以马列主义、毛泽东思想、邓小平理论、“三个代表”重要思想、科学发展观和习近平新时代中国特色社会主义理论为指导，围绕“五位一体”总体布局和“四个全面”战略布局，积极树立和贯彻创新、协调、绿色、开放、共享发展理念，以生态文明理念为引领，严格落实党中央、国务院有关生态文明建设和环境保护的部署要求，使环境宣传教育工作再上新台阶。

同时，在新闻媒介宣传方面，国家也采取了一些积极措施，提出要进一步加强环境新闻发布和舆论引导，广泛开展形式多样的环境保护宣传活动，提高公众参与度，积极开展学校环境教育宣传，扎实推进环境信息公开，有效提升社会各界特别是领导干部生态文明和环境保护意识，与时俱进，为促进我国环保事业的发展做出积极贡献。

总之，党中央、国务院已把生态文明建设和环境保护摆在了更加突出的位置，但我国的生态环境问题较为复杂，是长期积累与诸多因素影响下共同形成的，因此，我国在新时期的生态环境治理仍然是艰巨、复杂和长期的。习近平总书记在党的十九大报告中指出，中国特色社会主义进入新时代，我国社会的主要矛盾已经转化为人民日益增长的美好生活需要和不平衡不充分的发展之间的矛盾。人民的生活明显改善，对美好生活的向往

更加强烈，对物质文化生活有了更高的要求，对民主、法治、公平、正义、安全、环境等方面的需求也日益增长。

目前，环境宣传教育的现状与环保事业的快速发展仍然存在一定的差距，特别是对环境素养提升需要高度重视，各级地方政府在实际生产活动中的政策执行、管理监督等方面要采取一些积极有效的措施手段，这样就能有效推进我国生态环境治理与生态文明建设。国内外现有的经验教训已经证明，发展理念和思想意识如果不彻底地转变，“先污染再治理”往往要付出更高的健康代价、生态代价和经济代价。例如，云南的滇池具备防洪、调蓄、灌溉、景观、生态和气候调节等功能，是昆明生产、生活用水的重要水源，是昆明市城市备用饮用水源，被视为昆明的“母亲湖”，享有“高原明珠”的美誉。然而，自20世纪90年代以来，随着漫长的自然演变，滇池湖面开始缩小，湖盆变浅，进入了自然老化阶段。同时，随着昆明城市规模扩张、人口剧增、周边点源和面源污染的增加，入湖污染负荷迅速增加，水质迅速恶化，其水质一度为劣Ⅴ类，有严重的“水华”现象，是我国当前污染严重的湖泊之一。2015年1月，习近平总书记在考察云南时指出，“滇池本来是云南特别是昆明的一颗明珠，现在反而成了昆明乃至云南的一块伤疤，损失实在太大了”。“在生态环境保护上，一定要算大账、不能只算小账，要算长远账、不能只算眼前账，要算整体账、不能只算局部账，要算综合账、不能只算单项账，不能因小失大、顾此失彼、寅吃卯粮、急功近利”。从“九五”规划以来，滇池被纳入国家重点流域治理规划，历经20多年的治理历程，特别是近年来转变理念、科学治理、综合施策，滇池流域水质状况和生态环境得到了显著改善，水质也上升为Ⅳ类。但在治理的过程中，人力、物力及财力的投资也是巨大的，据报道，20多年的治理时间内，投入治理资金超过了500亿元人民币，而且虽然现阶段滇池治理取得了一定的成效，但形势依然严峻。为此，昆明市颁布了《滇池保护治理三年攻坚行动实施方案（2018~2020年）》，规定，2018~2020年，昆明市将实施市级滇池治理重点项目64个，计划投资75.99亿元；实施区级重点项目147个，计划投资65.203亿元。

因此，环境治理必须坚持“源头治理”，不能走“先污染再治理”的旧模式。“源头治理”可以理解为两个方面：一方面，是对环境污染治理的具体技术手段。另一方面，是指对引起环境污染或对环境污染负责的

“人”的“治理”，即提升政府、企业以及公众等不同群体的环境素养。要充分认识到人在环境治理与环境问题产生中的主体位置，人的环境素养提升了，则其环境行为、环境态度、环境认知以及环境意识等也将随之提升，那么其在生产生活、实践活动中也必将正确处理人与环境间的关系，进而实现人与自然和谐共处的良好意愿。

（二）继续加强环境宣传教育，注重效果

20 世纪 70 年代以来，我国逐步开展环境宣传教育工作，总的来说，公众的环境意识整体还是有所提高的，但综合环境素养仍然相对较低，而且不同地区和不同群体之间也存在显著差异。所以，在当前环境问题日益严峻的形势下，进一步加强环境宣传教育，提高全民环境素养，仍然是一项十分紧迫的任务。

环境宣传教育是中国精神文明建设的重要组成部分，在我国各项生态环境建设事业的发展、建立、推进和监督中发挥着关键作用。公众环境素养的高低可以作为衡量一个国家和民族文明程度的重要标准。因此，为了提高全社会的环境素养，必须广泛开展环境宣传教育工作，提高我国公众环境意识。为推进我国生态文明建设和可持续发展战略、实现“十三五”时期和 2020 年的环境保护目标奠定坚实的基础。

环境宣传教育的重点对象为学生和社区公众。学生作为新时期、新世纪、新中国的接班人，对其进行环境素养教育至关重要。而社区公众又是城镇中数量最多、最集中的群体。因此，在以往传统的宣传教育的基础之上，我国还应采取具体的措施来真正有效地提升公众的环境素养。

1. 制定中小学生学校环境教育制度

美国作为世界上最早制定《环境教育法》的国家，特别注重中小学生的环境教育。经过几十年的不断发展和完善，此法发挥的作用愈来愈明显，成果显著，其中小学环境教育已具有较高水平。相对而言，我国中小学环境教育起步较晚，加之我国教育体制与教育环境的特点，其发展明显滞后。而中小学生作为国家的未来，对国家和民族的发展复兴意义重大，这点在生态文明建设领域同样至关重要。

（1）设置环境类课程：中小学可以每周开设一次环境类课程，并依据我国环境问题现状与发展趋势，针对不同的年级，并结合不同民族地区的文化和风俗特点，内容可以涵盖初级环境科学专业知识、环境保护与健康、环境认知及伦理、传统文化理念等方面。教学形式也可以灵活多样，

可采用课堂讲授、案例分析、主题设计及情景模拟等。

（2）开展实践教学活动：每2~3周进行一次环境素养教育实践活动，结合我国的自然环境特征与环境问题现状，内容与形式可以多样化，如进行野外环境感知、参加民俗环保活动、参观环保企业与政府部门、开展环境保护社会调查与知识竞赛、创建绿色校园等活动。

（3）规范学生环境行为：加强对学生的日常环境行为教育、引导与监督，包括节约资源、保护环境及关注健康等方面，如设置严格的垃圾分类、禁止浪费水电及纸张等资源、规范环境健康行为、设置环境保护评比与竞赛活动等。

以上中小学环境素养提升的教育制度中，除培养学校的授课老师，同时还可以与相关高校和科研结构合作，这部分工作可以计入高校教师和科研人员的年终工作考核，这样中小学不必再配备专门的专业老师，又可以使高校和科研结构优质的教学和科研资源得到充分利用，真正服务于社会。

2. 制定大学生学校环境教育制度

增加相关环境素养课程数量及课时安排，并注重环境素养实践教学活动与考核，规定必须完成的相关必修课程或学分要求，同时要注重对大学生在环境保护与可持续发展领域发现问题、分析问题以及深入思考等综合能力的培养，以提高其综合环境素养。此外，对于环境科学和非环境科学专业的大学生，以及师范类和非师范类专业的大学生，可依据各自的专业特点进行调整规划，包括相关课程的数量、难易程度、侧重领域、教学目标、实践活动以及学时学分要求等方面。

3. 公众环境素养提升社区教育制度构建

以学校的环境教育为基础，后期进行坚持和延伸，从而使公众环境素养能够真正地长久有效、整体提高。

（1）制定环境专业人员进社区服务制度。充分发挥社会各领域的作用，通过推荐、选拔、培训及考核等环节，使相关环境专业人员进入社区开展环境素养教育活动，以实现教学科研与社区资源的双向开放，也进一步提升了高校、科研机构以及非政府组织等方面的公共服务能力。

（2）建立社区公众监督、举报及维权制度。针对当前公众对环境问题的关注及敏感，在引导、宣传的同时，还可使公众积极参与其中，通过监督、举报、维权等行动，使环境素养提升与问题关切同样受重视，共同呵护社区环境。

（3）规范社区公众环境行为。意识的提高最终要落实于行为，所以规范社区公众环境行为至关重要，可以倡导健康、正确的环境行为和生活方式，如实行严格的垃圾分类、制定社区公众环境行为规范、建立社区环境保护奖惩与监督制度、设置环境保护评比与竞赛活动等，将有助于提高公众素养。

4. 公众环境教育实施保障

（1）发展和完善公众环境教育制度与法律体系。目前，我国有关环境教育的法律法规缺失，在《环境保护法》中仅对环境教育作了原则性规定，但提法十分笼统且不具有可操作性，这远远落后于西方国家。完善健全的公共环境教育法律体系，无疑将对提高公众环境素养，促进中国生态文明建设起到关键作用。因此，我国应尽快出台正规的环境教育法，或者也可以出台相关的条例办法，以明确国家和地方政府的环境教育职责，赋予公众对环境的权利和义务，这样我国的公众环境教育很快就会走上法制化的轨道。

（2）加大环境教育资金和资源投入。环境教育的具体策划与实施都离不开足够的资金和资源支持，地方可以建立学校、社区或城镇与环境教育相关的图书馆和数据库，为学生、教师和公众查找相关文献资料提供便利；可以建立网络教学资源，包括教学方法、教学内容以及教学素材等环境教育的相关信息资源。还可以针对不同群体建立网站，如分小学站、初中站和高中站，依据不同阶段学生的知识结构，分别为他们提供合适的网络环境教育资源。同时，教育部门还可以与相关环境部门合作，建立网站链接，使公众能够更方便、及时、全面地了解所在地区的环境与资源状况；在校外建立中小学环境教育基地或教育中心，为环境教育提供丰富的课程资源和教学环境。

（3）开展中小学教师环境培训。教师在学校教育中扮演着非常重要的角色，所以其是否能够在环境教育中给予学生正确的、专业的引导，将会直接关系到中小学环境教育目标能否实现。因此，在充分利用社会现有相关师资资源的同时，还应加强对相关教师的环境培训。例如，制定教师环境教育培训计划，可以在师范类高校开设环境科学原理与方法、自然资源利用及保护、生态学基础原理、环境认知与教育情感方法的使用、环境伦理以及培训公民参与技能的方法等相关课程。同时，还可以通过面向中小学教师设立相关的研究项目，建立国家和地方的环境教育基金，鼓励企业或个人向与环境教育等有关的非政府组织捐资，培养能够实施环境教育的教师。

二、大力推进生态文化建设，提高公众环境素养

生态文化是人类对待人与环境关系的一种价值观念，即从人统治自然的文化过渡到人与自然和谐的文化。这种价值观的转变是从人类中心主义转变至人与自然和谐发展的价值取向，最终构筑了人与自然的和谐发展。生态文化是尊重经济社会发展规律的价值取向、崇尚自然的思想意识和自觉践行绿色发展的行为习惯的集中体现，是人的发展理念的重大转变。所以，大力推进生态文化建设，将对提高人的环境素养具有十分重要的推动作用。

首先，树立生态文化观。科学正确的思想体系将对指导人类生产实践具有重大意义，而生态文化观是马克思主义生态文化观中国化的一种新的思想体系。通过多渠道多角度学习研究生态文化观，我们将从马克思主义理论、社会学、经济学、历史文化等方面深入研究和诠释生态文化观的内涵和外延，结合我国环境保护的经验教训，努力构建中国特色的生态文化理论体系，从而形成资源节约和环境友好相互促进的生态文化观。同时，要大力支持生态文化作品创作，鼓励和支持文艺界人士积极参与到生态文化建设的行列中，熟悉生态文明建设和环境保护的思想、理念和文化精髓，创作出体现环境保护、倡导生态文明的优秀文化作品，繁荣生态文化。

其次，推行“绿色行政”。纵观历史发展的历程，无论是发展中国家还是发达国家，都经历了“先污染后治理”，以牺牲自然环境为代价换取暂时“发展”的历史时期。在错误的发展观指导下，人类社会经济发展的同时，自然环境遭到严重破坏，环境受到严重污染，人们的身体健康受到严重威胁。在这种严峻的形势逼迫下，政府部门不得不采取有效措施，制定符合自然规律和环境规律的科学合理的发展战略与规划，实现人类社会的可持续发展，即“绿色行政”。实施“绿色行政”的基础是保护生态环境、保护自然资源，最终实现社会经济与自然的协调发展。

再次，倡导“绿色消费”。无论从生态学的角度，还是社会学的视角，

人类都是自然生态系统和人工生态系统中最大的消费群体，人类消费自然资源和社会经济产品的数量是十分庞大的。“绿色消费”是一种新型的消费行为和过程，其特点是有节制的适度消费，避免或减少人们对环境的破坏和影响，倡导自然，保护生态。

“绿色消费”有三方面的具体表现：第一，消费者尽量选择消费没被污染或有助于公众健康的绿色产品。第二，消费者改变消费观念，做到健康、舒适、环保。第三，对在消费中产生的废弃物，要进行妥善处置，避免造成环境污染。

最后，弘扬“传统历史文化”。生态文化的传承是文化传承的重要体现。人类在生存与发展的历程中，不仅包含着知识和经验的代代相传，而且也有精神文化的传承，可以说，当今生态文化的许多内容源于传统文化的影响，这是对传统文化的进一步发扬与光大。我国地大物博，文化灿烂，生态文化遗产亦很丰富，博大精深的自然生态文化因素也孕育在各民族的传统历史及行为里。《礼记·月令》中记载：“孟春之月，禁止伐木。”这些传统的历史文化，通过代际交流扎根于人民心中，对人们的生态文化观产生了重大的影响，从而形成了形式多样、内容丰富的宗教信仰、图腾崇拜、民约乡规、乡风民俗、传统节庆、自然遗产和人文景观等，根植于乡民的观念深层，形成了自发监控机制，形成浅层的朴素生态伦理和传统的朴素生态文化。这些传统的生态文化在历史的大潮中代代相传，不断开拓创新，不断丰富内涵，对广大民众的生态思想意识和实践行为产生了积极有效的影响。虽然，现代经济生活对传统的生态文化产生了一定的冲击，但其思想的核心体系仍然对现代生态文化的发展具有十分重要的意义。所以，在生态文化建设中，我们要推动生态文化的传承和发扬光大，使其发挥积极的作用。

总之，生态文化是人和自然关系得以优化所体现的思想、观念与意识之和，是人与自然和谐相处的可持续发展价值观念。从生态学视角来看，要求我们重新审视人与自然环境的关系，不断促进科技进步和社会经济发展，也要理性认识到环境承载力、人口容量、生态阈值及生态足迹等有关人类社会与自然环境之间的量化指标。其目标就是要合理开发资源，高效利用资源，更新发展观念，提高人口环境素养。

三、加快环境教育立法，德治与法治并重

环境素养对生态文明建设意义重大，而环境教育作为环境素养提升的重要手段，其在生态文明建设中也起着十分关键的作用。进入 21 世纪以来，我国的生态环境建设取得了显著的成绩，包括法律法规、政策方针、规划布局及监督管理等方面都有了很大的完善与进步。但同时我们也面临着诸多的问题，如环保相关法律的执行力不够以及环境教育法的缺失，这些都对我国的人口素养提升、生态环境的保护和治理带了巨大的影响。

事实上，国内环保领域和教育领域的许多专家学者已反复提出，环境教育立法非常重要而且必不可少，也在不同的场合或通过不同的渠道，积极倡导要快速推进环境教育立法。目前，我国的环境教育已形成了初具规模的教育体系，具有形式多样、层次多重、渠道多样的特点，并且取得了一定的成绩，不仅培养了专业科技人才和管理人才，还有效提高了政府工作人员及企业管理人员的环境素养。

但整体来看，我国环境教育的效果还不够理想，一方面，我们起步较晚，发展相对缓慢，而且形式途径、方法措施也较为单一化、仿效化，教育往往也是流于形式，不关注效果。另一方面，我国现行的环境教育是以教育部门为主导、其他部门积极配合的一种模式，基础教育发展不充分、不均衡，社会教育机制不完善，相应的师资落后、水平不高，教学素材相对短缺，不同区域开展情况差距较大，专业教育与社会主义市场经济的需求不匹配，在职教育的发展比较缓慢，环境教育缺乏法律保障和有效的监管机制。这都使我国的环境教育水平偏低，效果较差，公众环境素养普遍偏低。随着时代的变迁，环境问题越来越复杂，相应的解决策略也要不断发展和适应。在新时期我国加速生态文明体制改革、建设美丽中国进程中，环境教育立法至关重要。

首先，教育主体的行为规范制度化。原来的环境教育大多停留在道德伦理层面，政府部门和学校没有强制性的职责和行为规范，所以在推行环境教育时，往往是走形式、走过场，导致采取的教育行动和参与度往往具有随意性，在完成各种职责资源有限的情况下，往往会忽略或不重视环境教育，致使环境教育的效果往往不尽如人意，没有能够充分发挥它的社会功能，甚至有时还有悖初衷。反之，若针对环境教育立法，则效果将会完

全不同，通过法律的形式进行强制性的职责规定，相关政府部门和学校则履行其法定职责，尽可能地保障环境教育的实施与成效，充分发挥环境教育的社会功能。

其次，公众和教育主体的行为指引制度化。环境教育立法可以明确相关政府机构的各项职责，包括奖励、处罚与资助等，从而指引公众或企业的行为与活动，做到奖罚分明，有法律可以遵循，并可以为公众参与环境教育提供制度保证。这与现行的环境教育有着很大的区别，不再是简单地从伦理道德层面来引导人们的行为，而是有了强制性的法律约束。

最后，环境教育更加规范化。通过立法形式，有助于我国环境教育的对象、方式、途径及效果等方面得到法律保障，从而更加制度化、规范化。一方面，通过扩大教育对象范围，明确环境教育范围，不仅规定在校学生进行环境教育，还要重视对公民的环境教育，特别是对政府工作人员和企业管理者的环境教育。另一方面，教育的目标也不再仅仅是要增强民众对环境问题的了解与认识，而且要培训专门的环境教育人才，使公众整体的环境素养得到普遍提升。

此外，相关的国外经验也已经证明了，环境教育立法是非常重要和必要的。国际上，实现环境教育写入法律的形式有环境教育专门立法、写入环境法或教育法等上位法、颁布其他具有法律效力的文件等。美国于 1970 年颁布了世界第一部环境教育专门立法——《环境教育法 1970》，有力地推动了世界各国的环境教育立法进程。此后，日本、韩国、菲律宾以及我国台湾地区也相继出台了相关的环境教育法，这些法律明确了环境教育的概念、内容、主管机构、激励机制等，明确规定了将环境教育写入法律，使环境教育的顺利开展和公众环境意识的提高有了法律保障。

总之，环境教育立法可以为我国公众环境素养的提升提供法律支撑。此外，在传统环境教育的基础上，通过环境教育立法，将伦理道德与法治规范相结合，将“德治”与“法治”相融合，双管齐下，并行不悖，将有助于我国新时期公众环境素养的快速提升，进而全面推进我国的生态文明建设。

四、充分利用各种媒体，提高公众参与度

环境素养教育是多渠道和多途径的，在现如今信息技术高度发达的背

景下，要充分利用传统媒体和新兴媒介，采取形式多样、途径丰富的媒介渠道，向所有的公众开展环境宣传教育。在传播生态文化时，要充分发挥图书馆、博物馆和文化馆等的作用。通过完善自然保护区和风景管理区等生态文化设施的建设和管理，积极建设中小学环境教育实践基地，更好地为培育和传播生态文化服务。此外，媒介发布公众关注的热点和现实问题要及时准确、通俗易懂；开展行之有效的环境政策解读，达成群众共识；相关部门要提升应对公共事务、与公众有效沟通等方面的能力，对群众关注的热点难点环境问题积极疏导、解释，化解矛盾；通过报道先进典型，曝光违法案例，做好环境保护相关科学知识和法律法规的普及；各级环保相关部门应与新闻媒体多进行新闻素材和典型案例的交流沟通，办好专业媒体平台，新闻报道要有深度、广度和高度，扩大社会影响力；通过新闻业务培训提高媒介工作者的环境素养，发布及时、准确、客观的报道。此外，要使环境传统媒体与新媒体深度融合，及时准确传递环境资讯；环保部门主管的刊物应开设官方微博和微信公众号，扩大环境信息传播范围。相关的教育、管理及监督等部门要有效利用各种新旧媒体，加强信息传播、交流与活动，正确引导舆论，及时发布公众关注的热点环境问题，提升环保部门专业水平和社会公信力。

良好的生态环境是整个社会的宝贵财富，需要全民共同参与和行动，因此，公众参与是环境保护的基础。目前我国公众参与率较低，今后应多渠道切实提高环境治理与保护方面公众的参与度。这样不仅可以调动全民参与生态文明建设，而且可以提高全民的环境素养，从而形成良性循环。在公众参与方面，今后需要做好以下两个方面的工作：①规范环境信息公开制度，保障公众的知情权。建立并畅通政府、企业与公众的信息沟通渠道，使公众能够及时了解环境质量现状、政策措施、企业环境风险及应急预案、突发环境事件信息等，同时充分发挥公众的外部监督作用。②拓宽公众参与渠道，提高公众参与度。引导公众自觉参与环境立法、决策、执法、守法和宣传教育等环境保护公共事务，积极搭建公众参与环境决策的平台，进一步完善公众参与的制度连续性和评估标准。研究制定并落实“重大项目环境保护公众参与计划”，切实提高公众在建设项目立项、实施、后评价等环节的参与程度。特别要强调的是，要保障公众参与能真正落实执行，避免走过场、走形式，使公众参与能够在监督方面和建立沟通纽带方面发挥真正的作用。

五、强化企业环保责任与义务，提升企业环境素养

纵观环境问题产生与发展的历程，环境问题的集中爆发与危害加重，主要从工业革命时期开始。工业技术革命实现了生产技术的重大飞跃，大大提升了生产效率，加快了城市化、工业化进程，社会面貌发生了翻天覆地的变化。但工业化也带来了工业污染，环境问题在19世纪中叶以后逐渐成了严重的问题，伴随煤炭、冶金、石油化工、纺织及钢铁等工业的建立、发展以及城市化的推进，环境污染、生态破坏、资源耗竭等环境问题日益严峻。因此，工业企业在生产产品、带来经济效益的同时，也是环境问题产生的主要来源，理应担负起环境保护的责任与义务，提高企业的环保意识和环境素养。

企业履行环境责任与义务，不能仅依靠企业的自觉性或者监管部门的“事后处罚”，更要加强对企业在环境保护方面的引导和教育，建立企业生态文化，提高企业环境素养，这需要多层次、多方面及多形式上的综合实施来达到最佳效果。

（1）在法律法规及规章制度方面。随着工业企业引起的环境问题不断恶化，我国政府不得不重视生态环境污染的防治，对于企业污染防治，从法律、行政、经济及教育培训等方面都制定了一系列的法律法规和规章制度，但在执行实施中还有诸多的不足。今后，需要在以上这些方面继续不断完善和加强，立法领域要越来越广，执法要越来越严格，企业遵守的环境标准要不断提高，对违法企业的处罚要越来越严厉。特别是在法律法规上，要真正做到“违法必究，执法必严”，提高企业违法犯罪的成本，并从行政及经济等方面予以制裁，倒逼企业提高自身的环保意识与责任。不要让法律法规及规章制度成为一纸空文，形同虚设，使得法律、法规的严肃性和权威性不复存在，彻底消除企业的侥幸心理和抵赖心理。

（2）在环境教育培训方面。企业作为环境污染的主要责任者，除了必须承担环境保护责任和义务外，还要加强环境管理，提高环境素养，改善环境行为。企业的人员构成主要是企业的管理者和员工，对这两类群体进行环境教育培训，对提升企业环境素养具有关键性的作用。首先，要针对企业的管理者进行环境教育培训，使他们树立科学发展观，提高环境认知能力和环境保护意识，提高科学经营管理意识，使他们能够从企业文化到

产品生产的全过程中都具有生态文化观，在生产管理、技术管理、质量管理、市场营销以及企业发展等多个方面都融入环保的理念，更新清洁生产工艺，严格清洁生产管理，协同发挥经济、社会和环境效益。其次，企业员工是企业行为的直接实施者，其环境素养的高低直接决定了企业决策者和企业发展理念的执行力，所以有必要对员工进行环境宣传教育。一方面，要使员工树立正确的生态文化观，使他们明白，他们不但是企业的员工，同时还是社会的一员，企业所生产出来的产品或“污染”，他们既是受益者，也是受害者，所以员工有责任与义务进行“清洁生产”，同时作为社会的公民，员工还要有监督的意识与权力。另一方面，不断改进和完善传统环境宣传教育，使其能取得真正的效果，例如通过举办讲座、学习班、知识竞赛和开展岗位练兵活动，对员工进行相关法律法规、清洁生产以及环境伦理方面内容的培训和指导，教育引导员工理解企业发展与生态环境保护及全社会共同发展的关系，使所有员工认识到环境污染的严重性和环境保护的紧迫性，增强环保意识。员工的环境素养提高了，他们的环境认知、环境态度及环境意识等才会提高，能自觉提高技能、严格执行规章制度、规范自我行为，管理制度也才会真正得以落实。最终，节约资源、减轻污染、提高效益都将会自动转变为职工的自觉行为。

（3）在政府职能转变方面。传统管理模式中，政府与企业之间通常是管理者和被管理者的关系。政府对企业的职能多体现在企业的审批、生产、监管及奖惩等方面，这样的管理模式有利有弊。所以政府的职能应该有所转变，不应该就是单纯的监督与管理，政府职能的核心应该是优化企业的经营环境、促进企业成长壮大，尝试在传统的关系模式中形成“合作—引导”的关系模式。这样的管理模式在国外已经开始实施，并取得了较好的效果。如政府可以委托咨询策划公司与企业在环境保护方面进行合作，包括在生态文化、产品设计、节能减排、污染治理等方面进行形象策划、管理咨询、答疑解惑与制定方案，然后政府可以组织一些策划评比活动，对于做得好的项目和企业进行奖励，并在主要媒体上进行正面宣传报道。首先，从企业层面来讲，既可以帮助企业解决实际问题，提高生产和管理效率、提升产品等级等，还可以为企业进行正面宣传，提升企业的知名度，并在公众中树立良好的企业形象。其次，从政府层面来讲，这种“合作—引导”模式，既可以提高政府的工作效率和执行力，还可以化解政府与企业间的矛盾，最终获得双赢。

六、加强生态风险教育，提高风险防范意识

当前，生态风险已成为全社会面临的一大问题。其中，风险所具有的客观性、突发性、不确定性和损失性，往往会给人类社会带来巨大的伤害和损失。因此，在面对各类风险时，人类开始不断地提高自己的能力，积极寻求各种有效的措施和途径来防范风险的发生。如今，有关风险、风险管理、风险评价以及风险防范等各种理论被广泛应用于政治、经济及生态等领域，并受到了社会各界的高度重视。风险的可预见性和不确定性决定了要优先考虑其预防。20 世纪 80 年代，著名的德国社会学家乌尔里希·贝克和英国社会学家吉登斯就曾系统地探讨了现代社会所面临的风险，并构建了一个“风险社会”的概念和理论体系。贝克认为，风险社会就是现代化的“自反性”阶段，这种“自反性”不是人们有意识有目的的行为，而是来自社会各个系统中的一种本能的反应。因此，认识风险、了解风险、提高风险意识对生态环境建设与保护极其重要。

生态风险作为风险的一种形式，是生态系统受到系统外的一切对其构成威胁要素作用的可能性，指具有不确定性的事故或灾害对特定区域内生态系统及其组成部分的可能影响，可能导致生态系统的平衡被打破，其功能和结构受损，从而使整个生态系统的安全与健康受到威胁。

任何生态系统都不可能是封闭、静止不变的，其都是一个动态变化综合体，因此，注定会受到各种不确定因素和有害因素的影响与扰动，风险隐患在所难免。生态系统的生态风险是客观存在的，因此，人类的实践活动在对生态系统结构和功能产生一定的影响时，要充分认识到生态风险，提高防范意识。

当前，除了已经产生的各类严重的环境问题外，我国还存在着较高的生态风险。随着城镇化、工业化的不断推进，在带来环境问题的同时，也引发了各类潜在的生态风险，其危害也极为严重。而且生态风险的危害往往更加严重，持续时间更长。不同于自然风险，人是引起生态风险的责任者。特别是人类为了自身生存与发展的需求，无节制地从自然界索取各种资源，同时又将各类污染物排放到自然环境中，远远超出了环境的自净能力，使生态系统无法进行自我调节来抵制这些不良干扰与影响，破坏了人与自然的和谐发展，导致了生态风险的增加。

人类非生态的伦理价值和文化观念是生态风险产生的重要原因。纵观人类的发展历程，人与环境间的和谐层次是在不断提升的，但在进入工业文明以后，虽然这一时期相对短暂，但人类社会却经历了翻天覆地的变化，人类也创造了前所未有的物质文明和精神文明。至此，人类开始相信，甚至是迷信自身的能力，一度认为自己是环境的中心，人可以“控制”和“操纵”自然，不断改造自然环境以满足人们的发展需求。当前，自然环境的破坏和污染已经直接威胁到了人类社会的整体生存，潜在的风险也不断蔓延。从本质上说，生态风险与环境问题类似，生态风险也是由于人类自身的错误观念和行为活动所引发的。为此，2018 年 5 月召开的全国生态环境保护大会上，习近平总书记指出：“有必要将生态环境风险纳入常态化管理，建立一个全过程、多层次的生态环境风险防范体系。”

综上所述，环境教育是贯穿我国社会主义发展过程的一种实践教育活动。其在不同的发展时期，对我国的生态环境建设与保护起到了积极有效的作用，但在不同的发展时期，环境教育也要不断适应新的形势。如今，随着我国生态风险的逐渐提升，环境教育要有针对性地进行环境生态风险教育。通过环境教育，引导公众树立科学的生态文化观、节俭克制的价值观、遵守各种环境法律法规的法制观、兼顾利益的道德观。通过一系列的环境教育实践活动，将环境教育应用于生态风险预测和防范中，增强人们的环保意识和生态风险意识，提升公众的环境素养，积极地预防生态风险，控制生态风险的程度或规模，减轻其带给人们的巨大损失。此外，将生态风险防范的内容融入环境教育体系，对进一步丰富其教育内容有重要的意义：一方面，丰富环境教育的内容，拓展其研究领域，有助于提高环境教育水平。另一方面，环境教育的引入有助于预测及防范生态风险。

第六章　小结与展望

进入21世纪以来，我国在政治、经济、文化等领域均取得了举世瞩目的成绩，我国的社会经济建设取得了巨大的成就，已成为了世界第二大经济体、世界第一大工业国和世界第一大农业国。我国的国际地位显著提升，国际竞争力明显增强。现阶段，我国各族人民的共同理想是建设美丽中国，把我国建设成富强、民主、文明的社会主义现代化国家。这个现代化是人与自然和谐共存的现代化，是人类可持续发展的现代化，既要创造更多物质财富和精神财富满足人民日益增长的美好生活需要，还要提供更多优质生态产品满足人民对优美生态环境的需求和渴望。面对资源约束趋紧、环境污染严重、生态系统退化的严峻形势，党中央、国务院高度重视生态环境建设，相继出台了一系列重大决策部署，加大力度推进生态文明建设、减轻生态环境问题。习近平强调指出，生态文明建设功在当代、利在千秋。我们要牢固树立社会主义生态文明观，推动形成人与自然和谐发展现代化建设新格局，并将生态文明建设融入政治建设、经济建设、文化建设、社会建设全过程，确保生态文明建设与其他各项建设协同共进。

在这样的大背景下，我国的各项保护事业也迎来了一个崭新的历史发展时期，包括环境污染治理的技术措施与方法手段、环境监督与管理、法律法规及规章制度、环保产业等，各个行业和领域都在积极地发展与不断完善，相信在不久的将来也会进一步地发展壮大，取得骄人的成绩，为我国的生态文明建设添砖加瓦。

众所周知，环境问题的发展历程已经证实了，环境问题的产生不是单一的技术问题，也不是简单的经济问题，所以仅依靠提高科学技术水平和采取社会经济措施，是无法彻底地解决环境问题的。归根结底，环境问题的产生是发展导致的，产生的根本原因是由人类的发展方式和发展道路所决定的。采取的对策应该是改变目前的发展方式，协调经济发展与环境之间的关系，走可持续发展的道路。在环境科学中，人作为环境的主体，在环境问题的产生中扮演着重要的角色，“人”既是环境问题的制造者，同时，“人”也是环境问题的受害者。当今世界的主要五大环境问题，除自然灾害主要是由自然因素所引起外，其他的生态破坏、环境污染、资源耗竭及人口剧增等均是由人为因素所引起的。所以，人在环境问题的产生、发展及解决过程中都起着十分关键的作用。

综合以往环境问题治理的经验教训以及国内外相关研究的成果，可以看出，环境问题的“源头控制”至关重要，而“人”即是一个非常关键的“源头”。因此，环境问题的治理是要对引起环境污染或对环境污染负责的“人”进行“治理”，即提升政府、企业以及公众等不同群体的环境素养。要充分认识到人在环境治理与环境问题产生中的主体位置，人的环境素养提升了，则其环境行为、环境态度、环境认知以及环境意识等也将会随之提升，那么其在生产生活、实践活动中也必将正确处理人与环境间的关系，进而实现人与自然和谐共处的良好愿景。

提升公众的环境素养对我国环境问题的解决和生态文明建设意义重大。但目前，我国在公众环境素养提升方面面临着诸多的问题与困境。一是环境教育发展历程短暂，整体水平较低。与国外的环境教育发展历程相比，我国的环境教育起步较晚，发展历程较为短暂，体系不够完善，效果也不显著。纵观 40 多年的发展历程，国外先进的环境教育理论和丰富的实践经验对我国的环境教育发展产生了积极影响和推动作用，但我国环境教育整体还处于一个较低的水平，而且我们的体系、方法及途径等多是处于借鉴和模仿国外的状态，缺乏更加符合我国自身国情的、更为适合我国实际情况的环境教育模式。因此，我国现在仍然处于面向可持续发展的环境教育阶段，尚未真正进入可持续发展教育阶段，而环境教育又是提升公民环境素养的主要途径，环境素养的现状也因此差强人意。二是公民素养普遍不高，环境素养更是“低洼地”。随着社会经济的飞速发展，社会上的一些“金钱至上”“物质崇拜”的思想也较严重。在政治上，如今官员腐败问题较严重，屡屡出现政府关键部门的领导违法违纪的现象，进而在思想领域出现了功利主义的张扬、三观不正、文化精神倾滑和人文弱化的现象等，这些全部主导着社会思想文化的发展和风气，让人们的整体素养偏低。而在公众环境教育方面，受重视程度不够、落实实施不到位以及条件限制等因素的影响，从全国范围来看，环境教育制度单一、低效，流于形式，甚至缺失等问题较为突出，致使公众环境素养普遍不高。尤其是我国的边疆少数民族地区和西部欠发达地区，由于受社会经济发展水平、教育质量、教师素养以及社会基础设施等因素的影响，在公众环境素养教育方面更是不尽如人意，公众环境素养普遍较低。三是环境教育立法缺失，环境素养提升难保障。相关的环境法律法规对规范人类的环境行为、保护生态环境、维护人与环境和谐发展有着十分重要的作用。当前，我国的环境教育立法缺失，导致我国环境教育内容依然是以宣传环境科学知识为主，且多流于形式、效果不佳，缺乏对环境伦理的宣传，对知识、意识、态度以及行动等方面的综合提升还远远不够，未在公民心中树立爱护环境、敬畏环境法律的观念，与发达国家的差距较大。四是环境素养理念桎梏、理论滞后。我国在此领域的研究与实践起步较晚，且主要还是集中在环境教育和环境意识方面，而有关环境素养的则相对较少，而且研究的对象也主要是以学生群体为主，即还是从环境教育的视角，依托学校教育来对其进行理论研究，其完整理论体系还尚未形成，相关的研究资料与成果较少。虽然我国在生态环境问题治理方面取得了一定的成效，但我国的生态环境问题仍然不容乐观，对环境素养的重要性认识不足，环境素养理念桎梏、理论研究滞后，与发达国家在此方面差距较大。五是侧重教育过程，实践环节薄弱。环境教育的途径单一，主要是课堂讲授和参观考察，环保活动的效果不够突出，相关的教学改革及研究较少；学习、了解环保新信息不够，渠道不多，对环保教育的资金、设施及师资投入不足。首先，在政府层面上，对环境教育主要是采取指导性和提倡性的措施，而对重要性并未真正落实；在学校层面上，环境教育的形式简单，模拟仿效现象普遍，考核与监管机制缺失；在普通公众层面上，环境教育的形式主要还是媒体的少量宣传、倡导，效果较差。其次，学校环境实践欠缺、家庭教育和社会教育不足、政府层面对环境实践认识不足、实践渠道不畅通等问题十分突出。六是“关门式”问题较突出。校园内进行口头上的宣传教育，偶尔会有少数的相关活动实践。环境教育走过场、途径简单、效果不佳，而且多是被动实施，只是为完成上级的要求、文件或政策等。政府“关门开会”，即在会议上传达、宣传、号召、要求等一系列“口头意识”，而会后，在实践行为中，依然我行我素。我国在环境保护方面的研究工作，特别是环境意识形态提升方面的研究成果还是很显著的，但这与我国政府组织、公众环境素养普遍不高形成了鲜明的对比，也体现了“关门式研究”对社会的服务、影响没有效果。目前，我国环境保护的认知总体呈现出高知晓率与低正确率并存的局面，缺乏准确、详细的了解，公众环境素养偏低，环境意识不强，对环境知识与技能不知道、不熟悉。但与之相反的是，公众对环境保护的重要性、必要性和紧迫性有较高的认知，同时也表现出较强的责任感和较高的关注度。这样的情况，使公众“关门想象”问题较严重，信息错误、理解偏差、轻信谣言、引发恐慌等问题时有发生，公众对于环境保护宣传与教育主要处于被动接受状态。

我国目前环境素养面临的问题与困境，通过原因分析可知，主要体现在以下几个方面：一是以经济建设为中心，生态环境建设相对滞后，进而对公众环境素养的提升也产生了很大的影响；二是环保法律法规不健全，执行困难；三是工业企业以经济利益为重，环保责任与义务缺乏；四是受城镇化及社会其他因素的影响，主要包括城市新市民的涌入、文化水平以及经济收入等方面对环境素养的影响。

最后，结合国内外的成功经验和相关专家学者的研究成果，并结合笔者多年的教学与研究，针对我国公众环境素养问题，特别针对政府、企业及公众几个群体，从高层决策、法律法规、教育培训、媒体宣传以及道德文化等方面提出了以下几点策略：一是高度重视环境素养提升，继续加强环境教育。要从政府层面上对环境素养提升问题给予高度重视，加大对在校学生和社区公众的环境教育，并要从实施、监管到考评形成完整的教育体系。二是大力推进生态文化建设，提高公众环境素养。具体包括要树立生态文化观、推行“绿色行政”、倡导“绿色消费”和弘扬“传统历史文化”，倡导人与自然和谐相处的可持续发展价值观念。三是加快环境教育立法，德治与法治相结合。包括教育主体的行为规范制度化、公众和教育主体的行为指引制度化、环境教育更加规范化，在传统环境教育的基础之上，通过环境教育立法，将伦理道德与法治规范相结合，将“德治”与“法治”相融合，以有助于我国新时期公众环境素养的快速提升。四是发挥传统和新兴媒介作用，提高公众参与度。要充分利用传统媒体和新兴媒介，采取形式多样、途径丰富的媒介渠道，向所有的公众开展环境宣传教育。并在现有的法律法规的基础上，引导公众依法、有序地参与环境立法、环境决策、环境执法、环境守法和环境宣传教育等环境保护公共事务，搭建公众参与环境决策的平台，进一步完善公众参与的制度持续性和考核标准。五是强化企业环保责任与义务，提升企业环境素养。立法领域要越来越广，执法要越来越严，提高企业遵守的环境标准，对违反环境法规企业的处罚要越来越严厉。在环境教育培训方面，还要加强环境管理，提高企业环境素养，从而改善企业的环境行为。在政府职能转变方面，将传统的管理模式转变为“合作—引导”模式。

目前，我国已经进入了生态文明建设的新时期，但工业化、城镇化、农业现代化尚未完成，产业结构、能源结构、产业布局不合理，人口基数大，区域发展不均衡，生态环境承受压力巨大。因此，这也是一个压力叠加、负重前行的关键期、攻坚期，经济发展也进入了高速增长阶段向高质量发展阶段转变的关键时期。当前，我国已经在发展理念、战略实施、规划布局以及措施方法等方面都有了很大的进步与提高。此外，在环境素养领域，随着人们的环境意识的逐步提高和对环境问题的深入思考，环境素养问题将会越来越受到重视和关注，环境素养领域的研究亦会在内涵扩展及内容丰富上取得快速发展。

参考文献

[1] Abobakr Ravand, Chun Yuanhan, Seyed Abbas Afsanepurak. An Investigation into Awareness Status, Sanitary and Environmental Interest among Sanandaj Citizens and its Relationship with the Level of their Participation in Physical Activities [J]. Journal of Ecophysiology and Occupational Health, 2016, 16 (3/4).

[2] Deepak Bangwal, Prakash Tiwari. Environmental Design and Awareness Impact on Organization Image [J]. Engineering, Construction and Architectural Management, 2019, 26 (1).

[3] D. P. Alamsyah, T. Suhartini, Y. Rahayu, I. Setyawati, O. I. B. Hariyanto. Green Advertising, Green Brand Image and Green Awareness for Environmental Products [J]. IOP Conference Series: Materials Science and Engineering, 2018, 434 (1).

[4] E. Kurniawan, Sriyanto, S. N. Sari. Development Strategy of Cadres Students on School Based Environmental and Disaster Awareness [J]. IOP Conference Series: Earth and Environmental Science, 2019, 243 (1).

[5] Harold Rickenbacker, Fred Brown, Melissa Bilec. Creating Environmental Consciousness in Underserved Communities: Implementation and Outcomes of Community-Based Environmental Justice and Air Pollution Research [J]. Sustainable Cities and Society, 2019 (47).

[6] H. Taha, V. Suppiah, Y. Y. Khoo, A. Yahaya, T. T. Lee, M. I. Muhamad Damanhuri. Impact of Student-initiated Green Chemistry Experiments on Their Knowledge, Awareness and Practices of Environmental Sustainability [J]. Journal of Physics: Conference Series, 2019, 1156 (1).

[7] Huixiao Yang, Wenbo Chen. Retailer-driven Carbon Emission Abatement with Consumer Environmental Awareness and Carbon Tax: Revenue -

sharing Versus Cost-sharing [J]. Omega, 2018 (78).

[8] Jenifer Vásquez, Giulia Bruno, Luca Settineri, Santiago Aguirre. Conceptual Framework for Evaluating the Environmental Awareness and Eco-efficiency of SMEs [J]. Procedia CIRP, 2018 (78).

[9] Julian F. P. Macnaughton, Earl P. Walker, Steven E. Mock, Troy D. Glover. Social Capital and Attitudes Towards Physical Activity Among Youth at Summer Camps: A Longitudinal Analysis of Personal Development and Environmental Awareness as Mediators [J]. World Leisure Journal, 2019, 61 (1).

[10] Małgorzata Walczak, Mirosław Leszczyński. Database "Protected areas in Poland" and Possibilities of Its Use in Education and Raising Environmental Awareness of the Society [J]. Environmental Protection and Natural Resources; The Journal of Institute of Environmental Protection-National Research Institute, 2019, 30 (1).

[11] Pradeep Kautish, Justin Paul, Rajesh Sharma. The Moderating Influence of Environmental Consciousness and Recycling Intentions on Green Purchase Behavior [J]. Journal of Cleaner Production, 2019 (228).

[12] S. Sánchez-Llorens, A. Agulló-Torres, F. J. Del Campo-Gomis, A. Martinez-Poveda. Environmental Consciousness Differences between Primary and Secondary School Students [J]. Journal of Cleaner Production, 2019 (227).

[13] Xudong Chen, Bihong Huang, Chin - Te Lin. Environmental Awareness and Environmental Kuznets Curve [J]. Economic Modelling, 2019 (77).

[14] 包庆德. 生态哲学维度：环境教育与人的生态意识之提升 [J]. 内蒙古师范大学学报（哲学社会科学版），2007 (1): 41-48.

[15] 本报评论员. 同筑生态文明之基，同走绿色发展之路 [N]. 人民日报，2019-05-02 (004).

[16] 本报评论员. 在生态文明建设之路上行稳致远 [N]. 昆明日报，2019-05-12 (001).

[17] 蔡丽霞. 基于生态文明建设的环境教育校本课程设计与评价 [J]. 中国人口·资源与环境，2015, 25 (S2): 244-247.

[18] 常静，杨阳，李海云，宋建国. 环境意识影响因素对大学生垃圾

分类行为的研究［J］. 环境科学与管理，2014，39（11）：4-6.

［19］陈德权，娄成武. 环境素养评价体系与模型的构建及实证分析［J］. 东北大学学报，2003（2）：170-173.

［20］陈华莲. 基于网络搜索指数的公众环境态度及行为研究［D］. 华中科技大学硕士学位论文，2017.

［21］陈惠陆. 用好环境文化软实力，打好污染防治攻坚战［J］. 环境，2018（11）：14.

［22］陈俊. 习近平生态文明思想的当代价值、逻辑体系与实践着力点［J］. 深圳大学学报（人文社会科学版），2019，36（2）：22-31.

［23］陈敏. 工业文明、环境意识与道德焦虑——罗斯金与《19 世纪上空的暴风云》［J］. 名作欣赏，2014（36）：66-67.

［24］陈全训. 建设有色环保文化　谱写绿色发展新篇［N］. 中国有色金属报，2018-09-13（001）.

［25］陈延斌，牛绍娜. 生态文明与新时代“美丽中国”建设［J］. 黄河科技学院学报，2019，21（3）：1-2，7.

［26］陈战军. 环境意识和素养必不可少［J］. 环境经济，2014（10）：18.

［27］程翠云，杜艳春，葛察忠. 完善我国生态安全政策体系的思考［J］. 环境保护，2019，47（8）：16-19.

［28］达尔文. 物种起源［M］. 北京：新世界出版社，2014.

［29］邓兴. 地理教学中乡土环境意识的培养对策［J］. 中学地理教学参考，2019（2）：38-39.

［30］杜淼，罗媛媛，椋埏淪. 构建生态环境监管文化的若干思考［J］. 环境保护，2018，46（16）：42-44.

［31］冯湘宁. 浅谈如何培养高中生的生态环境意识［J］. 现代农业，2019（2）：94.

［32］高宇辉，胡海玲. 国内居民环境行为影响因素研究综述［J］. 农家参谋，2018（9）：255，259.

［33］高源，段亚会，张鑫. 近二十年学校环境教育研究的知识图谱分析［J］. 教育文化论坛，2018，10（2）：13-18.

［34］龚昌菊，庞昌伟. 中国生态文明法治建设的“三个面向”［J］. 人民论坛，2014（34）：115-117.

［35］郭郡郡，喻海龙. 社会资本与中国居民的环境意识［J］. 兰州财经大学学报，2018，34（1）：75-84.

［36］韩振秋. 生态文明的马克思主义自然观理论依据及其实现［J］. 武汉理工大学学报（社会科学版），2014，27（6）：1119-1124.

［37］何存毅. 农民在农业生产中的环境意识与环境行为研究［D］. 华中农业大学硕士学位论文，2018.

［38］何琪. 环境政策、环境意识与环保行为［D］. 浙江师范大学硕士学位论文，2018.

［39］和红，郝思琪，谈甜，曾巧玲，刘思园. 北京市城区居民环境意识及影响因素的路径分析［J］. 中国公共卫生，2019（9）：1-4.

［40］胡凤培，张晓宁，赵雷. 心理学视角下的民众环境行为述评［J］. 环境保护，2019，47（21）：66-70.

［41］胡金木. 生态文明教育的价值愿景及目标建构［J］. 中国教育学刊，2019（4）：34-38.

［42］胡谦. 市民环境意识现状以及对企业环境管理的影响［J］. 市场周刊（理论研究），2018（2）：91-92.

［43］华潜. 生态文明教育亟须强化［J］. 教育科学研究，2019（4）：1.

［44］黄东蛟，艾娃. 环境素养：一种优秀世界观的反映［J］. 环境教育，2002（6）：32-34.

［45］黄依宁. 城市居民环境意识对个体行为方式的影响研究——以家庭中旧衣处理方式为例［J］. 智库时代，2019（10）：176，179.

［46］纪经纬. 推进环境宣传教育的理性思考［J］. 环境与发展，2018，30（9）：221，223.

［47］江国华，肖妮娜. "生态文明"入宪与环境法治新发展［J］. 南京工业大学学报（社会科学版），2019，18（2）：1-10，111.

［48］焦开山. 社会经济地位、环境意识与环境保护行为——基于结构方程模型的分析［J］. 内蒙古社会科学（汉文版），2014，35（6）：138-144.

［49］赖爱娥. 开展环境教育综合实践活动，提升小学生的环境素养——我们的实践与探索［J］. 环境教育，2005（5）：48-49.

［50］李传印，陈得媛. 环境意识与中国古代文明的可持续发展［J］.

学术研究，2007（12）：105-109.

[51] 李干杰. 深入贯彻习近平生态文明思想　以生态环境保护优异成绩迎接新中国成立70周年——在2019年全国生态环境保护工作会议上的讲话 [J]. 环境保护，2019，47（21）：8-18.

[52] 李桂花，杜颖. "绿水青山就是金山银山"生态文明理念探析 [J]. 新疆师范大学学报（哲学社会科学版），2019（4）.

[53] 李娟. 中国生态文明制度建设40年的回顾与思考 [J]. 中国高校社会科学，2019（2）：33-42，158.

[54] 李莘. 中国古代的天人合一观念与现代环境意识 [J]. 东南学术，1999（6）：46-49.

[55] 李新秀，刘瑞利，张进辅. 国外环境态度研究述评 [J]. 心理科学，2010，33（6）：1448-1450.

[56] 李学鹏，袁宁，段玉山. 基于层次分析法的中学生环境素养评价体系构建 [J]. 地理教育，2014（12）：8-10.

[57] 李艳. 生态环境视阈下文化遗产地旅游绿色审计问题研究 [J]. 现代营销（下旬刊），2018（7）：254-255.

[58] 李永胜，肖圆圆. 习近平的生态观：真理与价值的辩证统一 [J]. 唐都学刊，2019（3）：41-44，50.

[59] 李志英. 民国时期中国经济史研究中的环境意识及其成因分析 [J]. 晋阳学刊，2014（6）：49-65.

[60] 利基. 人类的起源 [M]. 吴汝康，吴新智，林龙圣译. 上海：上海科学技术出版社，2007.

[61] 林美香，杨琼. 中国传统儒家、道家思想与当前环境教育 [J]. 国际社会科学杂志（中文版），2018，35（4）：8，13，170-179.

[62] 刘春元，杨雪. 习近平生态文明思想的核心及时代价值 [J]. 哈尔滨商业大学学报（社会科学版），2018（6）：11-18.

[63] 刘德清. 人类起源研究 [M]. 昆明：云南科技出版社，2016.

[64] 刘经纬，张维学. 国外环境教育现状研究 [J]. 齐齐哈尔大学学报（哲学社会科学版），2017（1）：1-3.

[65] 刘晶. 生态文明建设的总体性与复杂性：从多中心场域困境走向总体性治理 [J]. 社会主义研究，2014（6）：31-41.

[66] 刘婧，杨红，黄碧捷，李亚楠. 幼儿环绕式环境意识教学法的内

涵与实践［J］. 绿色科技，2018（11）：273-275，280.

［67］刘凯，刘佳，甘甜甜. 环境教育立法研究综述［J］. 新西部（理论版），2014（10）：98-99.

［68］刘克锋，张颖. 环境学导论［M］. 北京：中国林业出版社，2012.

［69］刘润焕. 人·自然与社会和谐——浅谈老子哲学思想与生态环境意识［J］. 内蒙古林业，2007（1）：8-10.

［70］刘森林，尹永江. 我国公众环境意识的代际差异及其影响因素［J］. 北京工业大学学报（社会科学版），2018，18（3）：12-21.

［71］刘迅. 公众环境态度及行为与雾霾污染程度相关性研究［D］. 南昌大学硕士学位论文，2014.

［72］刘志娟，李傲，李楚瑛，赵元凤. 公民生态环境意识测评及其影响因素研究［J］. 生态经济，2018，34（6）：217-222.

［73］卢风. 生态文明与美丽中国［J］. 中国图书评论，2019（5）：67.

［74］吕润美. 环境教育与公民素养［J］. 地理教学，2011（2）：33-34.

［75］罗霁. 旅游者环境态度与环境行为关系研究［J］. 旅游纵览（下半月），2016（2）：54.

［76］罗钧豫. 多元共治视角下的生态环境治理对策研究［D］. 华南理工大学硕士学位论文，2018.

［77］罗鹏. 生态文明建设之伦理、经济与治理的探讨［J］. 智库时代，2019（18）：39，45.

［78］马丹. 环境知觉、环境态度和环境行为的关联性分析［D］. 东北大学硕士学位论文，2008.

［79］齐岳，赵晨辉，廖科智，王治皓. 生态文明评价指标体系构建与实证［J］. 统计与决策，2018，34（24）：60-63.

［80］祁迎春，王建，张斌. 非环境专业大学生环境意识调查与分析［J］. 延安职业技术学院学报，2014，28（4）：48-50，53.

［81］秦巧凤. 浅谈铁岭市生态文化体系建设［J］. 现代农业，2018（6）：80-81.

［82］曲向荣. 环境学概论（第2版）［M］. 北京：科学出版社，2015.

［83］全国环境宣传教育行动纲要（2011~2015年）［J］. 广州环境科学，2011，26（4）：1-3，8.

［84］任建兰，王亚平，程钰. 从生态环境保护到生态文明建设：四十

年的回顾与展望［J］. 山东大学学报（哲学社会科学版），2018（6）：27-39.

［85］尚晨光，赵建军. 生态文化的时代属性及价值取向研究［J］. 科学技术哲学研究，2019，36（2）：114-119.

［86］邵光学. 系统把握中国生态文明建设的贡献［J］. 系统科学学报，2019（4）.

［87］石会娟，宗义湘. 农村妇女环境意识、行为及影响因素分析——基于河北四市农村地区的调查［J］. 新疆农垦经济，2014（12）：12-15.

［88］时立荣，常亮，闫昊. 对环境行为的阶层差异分析——基于2010年中国综合社会调查的实证分析［J］. 上海行政学院学报，2016，17（6）：78-89.

［89］史威. 深化环境素养教育　促进现代人格转型［J］. 教育导刊，2019（2）：11-15.

［90］宋超，孟俊岐. 发达国家环境教育体验式教学特点探析［J］. 环境教育，2016（4）：36-39.

［91］宋超，张路珊. 发达国家环境教育体验式教学特点及启示［J］. 山东理工大学学报（社会科学版），2016，32（3）：85-89.

［92］宋妮妮. 社会资本促进了居民环境意识的提高吗？——基于CGSS的研究［J］. 资源开发与市场，2018，34（8）：1163-1167.

［93］宋颖. 新常态下中国生态文明建设的路径与对策分析［J］. 生态经济，2018，34（12）：223-226，231.

［94］苏小兵，潘艳. 2000年以来国外环境教育研究的知识图谱分析［J］. 比较教育研究，2017，39（7）：101-109.

［95］孙永平. 习近平生态文明思想对环境经济学的理论贡献［J］. 南京社会科学，2019（3）：1-9.

［96］孙瑜，胡国杰，张鹏. 公民生态环境意识存在的问题［J］. 农村经济与科技，2019，30（3）：46-47.

［97］谭杰. 生态、文化与情感——新时代思想下环境设计的内涵［J］. 艺术研究，2019（2）：132-133.

［98］田友谊，李婧玮. 中国环境教育四十年：历程、困境与对策［J］. 江汉学术，2016，35（6）：85-91.

［99］王从彦，潘法强，唐明觉，姜琴芳，戴志聪，薛永来，杜道林.

儒道传统思想生态观对生态文明建设的启示 [J]. 中国人口·资源与环境，2015，25（S2）：233-237.

[100] 王辉. 环境素养与生态素养 [J]. 科学时代，1997（1）：25-26.

[101] 王健. 中国古代环境意识初探 [J]. 装饰，1989（4）：15-17.

[102] 王凯. 初中化学教学渗透环境教育的现状及对策研究 [D]. 鲁东大学硕士学位论文，2018.

[103] 王玲. 国内环境行为研究综述 [J]. 农村经济与科技，2011，22（8）：15-17.

[104] 王民. 中国中小学生环境知识、态度和预期行为关系研究 [J]. 环境教育，2002（3）：9-11.

[105] 王敏达，张新宁，刘超. 国内外环境素养测评发展的比较研究 [J]. 生态经济（学术版），2010（2）：408-411.

[106] 王明初，韦震. 生态文明建设：民族地区跨越式发展的新契机 [J]. 探索，2015（6）：178-181.

[107] 王威，贾文涛. 生态文明理念下的国土综合整治与生态保护修复 [J]. 中国土地，2019（5）：29-31.

[108] 王文略，王倩，余劲. 我国不同群体环境教育问题调查分析——以陕宁渝三地为例 [J]. 干旱区资源与环境，2018，32（6）：37-42.

[109] 王晓然，康雅婷，刘鹤洁. 我国城市生态社区及文化建设的现状与思考 [J]. 智库时代，2019（18）：1，3.

[110] 王秀娟，钱凤珍，白丽荣. 国外环境教育对我国的启示 [J]. 环境与发展，2016，28（5）：86-88.

[111] 王野林. 西安市民生态环境意识调查研究——特点、动机和影响因素 [J]. 前沿，2014（10）：135-138.

[112] 王雨辰. 习近平生态文明思想的三个维度及其当代价值 [J]. 马克思主义与现实，2019（2）：7-14.

[113] 韦芳慕. 快速城镇化进程中环境问责困境与对策研究 [D]. 大连理工大学硕士学位论文，2014.

[114] 韦泽洋. 在新常态下走向生态文明新时代 [J]. 东南大学学报（哲学社会科学版），2015，17（S2）：12-13，28.

[115] 魏华，卢黎歌. 习近平生态文明思想的内涵、特征与时代价值 [J]. 西安交通大学学报（社会科学版），2019（5）.

[116] 我国生态文明指数总体接近良好水平 [J]. 中国建设信息化，2019 (8)：3.

[117] 吴桂英. 国内环境行为研究综述 [J]. 经济研究导刊，2014 (14)：7-9.

[118] 吴萌. 环境保护与文化传承的冲突——从“生活环境主义”谈“禁放令”[J]. 池州学院学报，2018，32 (4)：72-75.

[119] 吴向阳，卢伟佳，吴成. 关于城市居民环境态度与环境行为研究——对深圳部分居民的问卷调查 [J]. 环境与可持续发展，2014，39 (2)：98-101.

[120] 武春友，孙岩. 环境态度与环境行为及其关系研究的进展 [J]. 预测，2006 (4)：61-65.

[121] 晓叶. 夯实生态文明建设的制度基础——从自然资源资产产权制度改革看生态保护与建设 [J]. 中国土地，2019 (5)：1.

[122] 薛定刚，黄勇. 八大公山自然保护区社区居民的环境意识培育研究 [J]. 劳动保障世界，2018 (33)：73-74.

[123] 薛晓军. 新论孟子的环境意识与当代环保 [J]. 内蒙古民族大学学报，2008 (5)：52-53.

[124] 杨红娟，骆映竹. 民族地区生态文明教育项目范围管理研究 [J]. 项目管理技术，2018，16 (9)：58-63.

[125] 杨昕. 发达国家环境教育的经验及对我国的启示 [J]. 环境保护，2017，45 (7)：68-72.

[126] 杨雪，段克勤. 浅谈环境教育与环境意识养成的关系 [J]. 科教文汇（下旬刊），2014 (9)：80-81.

[127] 杨阳，刘伟，宋建国. 大学生环境意识与垃圾分类行为管理体系构建 [J]. 环境卫生工程，2014，22 (6)：4-6.

[128] 姚卫新. 论环境道德教育的目标建构 [J]. 中学政治教学参考，2011 (29)：6-7.

[129] 尤瓦尔·赫拉利. 人类简史：从动物到上帝 [M]. 林俊宏译. 北京：中信出版社，2014.

[130] 余建兴，曹京新. 新时代生态环境系统组织文化建设思考 [J]. 环境保护，2018，46 (19)：57-60.

[131] 虞佳丽. 环境知识与环境态度、环境行为的关系研究 [D]. 华

东理工大学硕士学位论文，2013.

[132] 张霸筹. 习近平生态文明发展观视角下的社会与经济关系解读 [J]. 中学政治教学参考，2019 (6)：79-80.

[133] 张茂聪，李睿，杜文静. 中国环境教育研究的现状与问题——基于 CNKI 学术期刊 1992~2016 环境教育文献的可视化分析 [J]. 山东师范大学学报（自然科学版），2018，33 (1)：112-121.

[134] 张平，张先科. 近十年国内民间组织发展的制度环境研究综述 [J]. 学会，2008 (3)：22-26.

[135] 张青兰. 习近平生态文明思想的重大理论贡献 [N]. 中国社会科学报，2019-05-06 (008).

[136] 张全明. 简论宋代儒士的环境意识及其启示 [J]. 文史博览，2006 (8)：4-7.

[137] 张全明. 论宋代道学家的环境意识：人与自然的和谐 [J]. 江汉论坛，2007 (1)：103-108.

[138] 张文涛. 汉武帝时期帝国营建中的环境意识 [J]. 鄱阳湖学刊，2016 (5)：38-43，126.

[139] 张小平. 习近平生态文明思想的马克思主义哲学意蕴 [N]. 中国社会科学报，2019-05-14 (008).

[140] 张轩硕. 新时代生态文明观初探 [J]. 现代交际，2019 (8)：207-208.

[141] 张艳，邹红菲. 谈风险社会环境下我国的生态教育 [J]. 教育探索，2014 (2)：22-23.

[142] 张梓太. 中国古代立法中的环境意识浅析 [J]. 南京大学学报（哲学·人文科学·社会科学版），1998 (4)：154-159.

[143] 章立东，张涛，吕指臣. 现代化生态文明建设路径的理论研究——基于路径依赖与绿色价格杠杆的分析 [J]. 价格理论与实践，2019 (1)：27-30，116.

[144] 赵群，曹丽丽，严强. 城市居民的环境态度对其环保行为影响的实证研究 [J]. 生态经济，2015，31 (8)：159-162.

[145] 赵淑红. 浅谈环境宣教对提高公众环境意识的重要性 [J]. 黑龙江环境通报，2011，35 (4)：5-6.

[146] 赵艳芳. 马克思恩格斯环境哲学对我国环境保护的启示 [J].

学理论，2011（17）：57-58.

［147］中华人民共和国国土资源部. 首次全国土壤污染状况调查公报［R］. 2014.

［148］中华人民共和国农业农村部. 中国农业统计资料（2016）［Z］. 2019.

［149］中华人民共和国生态环境部. 中国机动车环境管理年报（2018）［R］. 2018-06.

［150］中华人民共和国生态环境部. 2017 中国生态环境状况公报［R］. 2018-05.

［151］中华人民共和国水利部. 2017 年中国水资源公报［R］. 2018-11.

［152］钟顺清，叶小倩，申秀英. 大学生环境行为特征及其影响因素研究——以衡阳师范学院为例［J］. 衡阳师范学院学报，2018，39（6）：70-74.

［153］周北海. 环境学导论［M］. 北京：化学工业出版社，2016.

［154］周葵. 可持续发展实践中的公众参与——来自基层公民环境意识调查的观察［A］//中国可持续发展研究会. 2011 中国可持续发展论坛 2011 年专刊［C］. 2011.

［155］周杨. 党的十八大以来习近平生态文明思想研究述评［J］. 毛泽东邓小平理论研究，2018（12）：13-19，104.

［156］朱国伟，徐华红，龚宇波. 公民环境素养框架研究［J］. 江苏社会科学，2008（S1）：90-92.

［157］朱晓. 生态文明城市建设背景下贵阳市居民环境意识调查研究［D］. 贵州大学硕士学位论文，2018.

［158］左玉辉. 环境学（第 2 版）［M］. 北京：高等教育出版社，2002.